养老设施及老年居住建筑

——国内外老年居住建筑导论

赵晓征 编著

中国建筑工业出版社

图书在版编目（CIP）数据

养老设施及老年居住建筑——国内外老年居住建筑导论 / 赵晓征编著. —北京：中国建筑工业出版社，2010(2023.8重印)
ISBN 978-7-112-11773-4

I. 养… II. 赵… III. 老年人住宅—建筑设计 IV. TU241. 93

中国版本图书馆CIP数据核字（2010）第022235号

责任编辑：费海玲　王　跃
责任设计：董建平
责任校对：兰曼利
封面漫画：孙直宽

养老设施及老年居住建筑
——国内外老年居住建筑导论
赵晓征　编著

*

中国建筑工业出版社出版、发行（北京海淀三里河路9号）
各地新华书店、建筑书店经销
北京方舟正佳图文设计有限公司制版
廊坊市海涛印刷有限公司印刷

*

开本：880×1230毫米　1/20　印张：$11\frac{3}{5}$　字数: 350千字
2010年6月第一版　2023年8月第五次印刷
定价：42.00元
ISBN 978-7-112-11773-4
（19022）

版权所有　翻印必究
如有印装质量问题，可寄本社退换
(邮政编码　100037)

写在前面

21世纪，社会老龄化已成为全世界之趋势，这种趋势将自始至终伴随着整个世纪。

您是否考虑过养老的问题？您准备怎么养老？这不仅仅是老年人以及行将步入老年的人们要考虑的问题，还关系到每个人、每个家庭，甚至整个社会。

我国1999年步入老龄化社会，现在已经成为世界上老年人口最多的国家。这样庞大的老龄人口必将带来新的矛盾和巨大压力，也必将促成养老观念和养老模式的转变。

本书通过对国外发达国家老年居住状况、政策和养老设施的研究，结合对我国国情、老年设施的调查分析，提出新型的“在宅养老”的养老模式，描画出老年人宜居的室内外环境。从老年居住建筑的概念到设计要点、老年用品到设备产品，从内外部空间到空间构成要素，都作了详细的介绍和论述；对养老设施的策划设计到全方位项目管理，也进行了全面阐述。

本书内容通俗易懂、具体实用、图文并茂。编写时特别注意使本书适合专业的以及非专业的、各年龄层、各种类型的关注老年人、关注自己、关注家人的读者阅读。

居住，从本质上讲是人类的基本生存方式。老有所居、老有所养、颐养天年……更是人生的终极目标。养老，您准备好了吗？

序一

21世纪是人口老龄化的时代。目前，世界上所有发达国家都已经进入了老龄社会，许多发展中国家正在或即将进入老龄社会。1999年，中国也进入了老龄社会，是较早进入老龄社会的发展中国家，而且是世界上老年人口最多的国家，占全球老年人口总量的五分之一，备受世界关注。严重的人口老龄化将使一些养老问题更加突出，其中，老年人居住就是一个值得关注和有待研究的问题。

住宅对老年人来说，不仅是安身的场所，提供休息、用餐、娱乐和消遣的地方，而且也是照料和为老年人进行必要服务的场所。近些年来，党和政府对老龄工作越来越重视，大力改善老年人的居住条件，提高老年人的生活质量。但是，我们的工作与老年人和社会的需求还有不小的差距。在许多地方对“老年住宅”“老年社区”还十分生疏，这项工作还没有提到议事日程。养老机构发展缓慢，依照老年人的特点和需要进行设计、建造、专供老年人居住的住宅还很少，相应的为老年人开展的服务还没有跟上。因此，遵循“以人为本”的精神，通过建设功能全、多样化的老年居住建筑，体现对老年人的关爱，满足老年人的生活与发展的需求，最终实现“不分年龄，人人共享”的和谐社会，具有重要的战略意义。

那么，如何解决日趋严重的养老问题？老年人居住环境如何改善？老年居住建筑如何设计才符合舒适、安全、节能、生态的标准？

本书作者赵晓征1985年毕业于天津大学建筑学院本科，

1992年赴日留学，在日本国立名古屋大学大学院工学研究科研究养老设施及老年居住建筑，在日本留学工作生活了十余年。其间，造访欧洲、美国、日本、中国台湾等数百家养老机构和老年社区。作者站在建筑师的角度，结合国外先进经验，深入浅出的论述了养老的问题，为解决老年人居住环境提供了可借鉴和参考的宝贵资料，实在难能可贵。本书内容具有的理论性、知识性与实践性，真实地反映了作者对中国老年人居住环境的深切关怀与诚挚情感。

这不是一本简单地讲老年建筑的书，而是从养老理念、孝道文化入手，探索适合中国国情的老年人居住环境的书。老年人居住环境是老龄产业的重要环节，中国政府和老年问题理论界、企业界，都在认真研究解决这个问题，已逐渐引起广泛的重视。

大家有一个共识，就是老龄产业是朝阳产业，大有发展前途。期待有更多类似本书的老龄产业和发展的研究成果问世。

祝贺本书的出版，是为序。

李寶庫

2010年2月于北京

李宝库，曾任民政部副部长，第十届全国政协委员。现任中国老龄事业发展基金会理事长、全国敬老爱老助老主题教育活动组委会主任、中国老年艺术团总顾问。

序二

赵晓征建筑师将她的新著“养老设施及老年居住建筑”交给我，嘱我为之作序。我自忖才疏德薄，恐难胜任。不过想到我从事了十来年的老年工作，加以我的本行是搞建筑的，对老年人的建筑问题又下过一点功夫并很有兴趣，就勉为其难地接了下来。我是把能够先拜读这本书，当作一次学习的机会，从中获益。

及至将这本书读完，感到这是一本很有特色的书。虽然它是一本讲老年居住建筑和养老设施的书，但它绝没有就建筑讲建筑，而是从社会学入手，通过数据、调查、归纳整理出切实的社会需求，由此出发再向建筑提出要求。在解决建筑处理的问题上，不是拘泥于一般的平面关系、细节设计，而是从大处着眼，从策划开始，投资、设计、一直到项目的实施和管理。所举的一些实例，有血有肉，十分具体，极具参考价值。

我国的老龄化问题日趋严重，老年人口发展之迅速，规模之庞大，是很令人震惊的。按照国家老龄委的公布数字，2007年底我国60岁以上的老年人口为1.53亿，2008年底的老年人口为1.59亿，净增加650万人，年增长率为4.24%。但是，到了今年，1月29日报道，国家老龄委发布：到2009年底，我国的60岁以上老年人口为1.67亿，年增加750万人，依此计算，这一年的增长率为4.71%。大大超过了过去我们一直按照年增长3.28%的增长率。所以，如果按照这个加速了的增长率发展下去的话，我们原来计算的哪年哪年老年人口达到几亿，哪年哪年老年人口将要占全国人口的几分之几，可能都要提前。甚至于我们的人口红利期限也要大大提前。这个问题可不是小问题，其带来的社会影响是全面的、深远的。今年（2010年）按照我国的规定应当进行第六次全国人口普查，到明年统计结果公布后，应当有更新、更准确的数据出来。

老年人在数量和速度上的飞速发展，当然会引起一系列的社会问题。但是，就我们而言，主要的还是在社会服务方面，对建筑工作者来说，老有所养，养在哪里？就要老有所"居"。他们"居"在哪里？怎样"居"？这是本书关心的问题。并且做出了比较切实和有根据的回答。无论居家养老也好、机构养老也好，书中所涉及到的一些问题都是不容回避的。

鉴于作者多年来从事老年建筑的理论探讨和丰富的实践经验，本书对于老年居住问题有比较全面的阐述和解释。应当对于老年建筑工作者、老年产业开发工作者、老年产业的管理人员都有现实的参考意义。而且，将随着老年人口的进一步增加和老年问题的进一步突出，它的重要性也将进一步显露出来。

本书主要论述的是老年人的居住问题。对于居住空间以外的场合，譬如在公共场所，在街道上，在公园游乐场地，甚至在交通车船上，老人们的安全、方便、舒适如何保证，这一课题是现在老年社会问题中较少涉及的一个问题。但随着老年人口的大量膨胀，它必然会成为一个重要的问题提到日程上来。也是我们下一步应当关注的问题。

现在，一个标题为《标准制定者考虑老年人和残疾人需求的指南》的国家标准正在制定之中，一旦它被批准颁布，那将是各行各业都必须遵循的一个国家规定。其他相关的规定标准都将按照它的要求进行修订，那时，在居住场所以外的老年人活动也将会得到国家标准的维护和保证。

老年人明显地越来越多了。去年，北京发布了一项照顾老年人的规定，就是65岁以上的老人可以领到一张“老年人优待卡”，凭这张卡，乘坐公共汽车或电车可以免费。一些主要的公园也对老人凭证开放。上公共汽车时，售票员会提醒乘客：“请年轻同志给老年人让座”。我就不只一次地遇见这种情况，车上所有的座位全被年轻人让给老人坐了。再上来的老人也只好站着。这个现象说明一个什么问题呢？一个是说明随着社会的进步，我们的群众，特别是年轻朋友的道德水平在提高，另一个就是看到我们的老年人的的确确是太多了。但是，现在还没有到最多的时候，我国现在老年人口还只占全国总人口的12.5%，按原来的预测到2020年达到15.6%，2030年达到23%，2040年达到27%，2050年达到29.8%。那时又当如何呢？

老龄化是一个很现实的问题，也是一个十分急迫的问题。它实实在在地摆到了我们面前，无法回避，不可逆转，我们只能面对。居住问题只是他的一个侧面，一个局部问题，但它又是一个不容忽视的问题。赵晓征女士的这本著作应当说正当其时。正是我们必须直面它的时候。我祝贺这本书的出版，希望它在老龄化的浪潮中起到它应起的作用。

林贤光

2010年1月于北京清华园

参考文献：
1. 邬沧萍：社会老年学（1999）
2. 李本公：关注老龄（2007）
3. 新华网：2010年1月29日报导“2009年我国新增老年人口达750万”

林贤光，清华大学建筑学院教授，国家一级注册建筑师。曾任中国老年学学会老年人才开发委员会副主任、中国国际人才开发中心高科技专家委员会副总裁、清华大学老科学技术工作者协会副会长。

目录

养老设施及老年居住建筑

第 1 章
全球老龄化进程

1.1　60・65和老龄化社会

1.2　社会全体大趋势

1.3　世界的老龄人口大国

第1章
全球老龄化进程

1.1 60·65 和老龄化社会

国际上的学者对老龄化的界定原有诸多的说法。

联合国在1956年委托法国人口学家皮斯麦（Bismarck）撰写并出版的《人口老龄化及其社会经济影响》一书，是以65岁作为老年的起点。

后来人口老龄化成为全球的趋势，许多发展中国家老年人口也不断增多，1982年召开的第一届联合国“老龄问题世界大会”上，为了把发展中国家的情况和发达国家相比较，将老年人口年龄界限向下移至60岁。

现在，国际上多以60岁及65岁并用作为老年人口年龄的界限。

目前国际通用的标准是将“**老龄化**”作为概念，以65岁以上人口占总人口比例的7%或60岁以上人口占总人口比例的10%，作为进入老龄化社会（Aging Society）的标准。

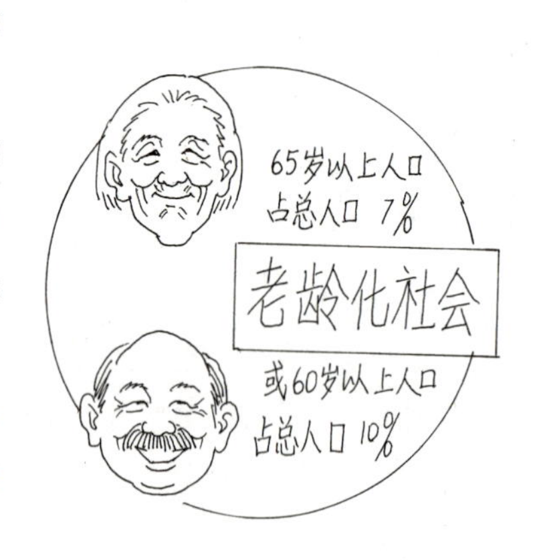

如果65岁以上的老龄人口在4%~7%之间，则是“**成年型社会**”。反之，老龄人口占总人口的4%以下，则是“**年**

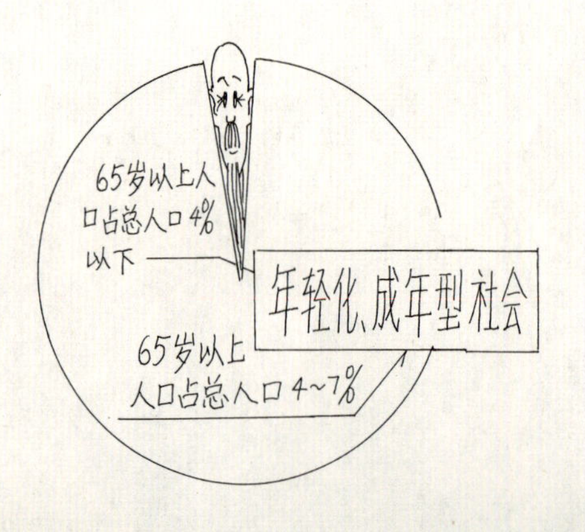

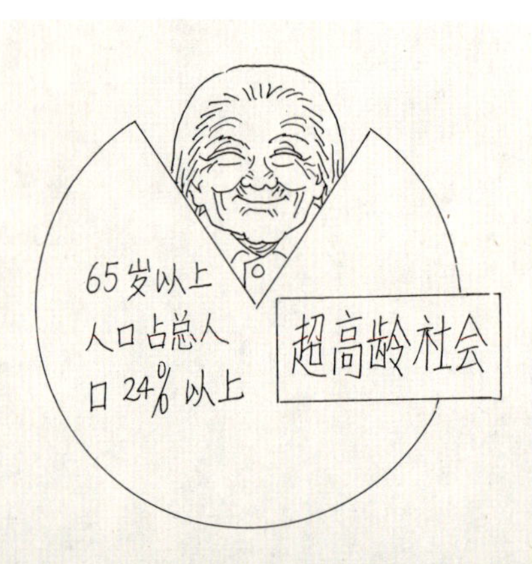

轻化社会”。65岁以上人口占14%则可被视为“高龄社会”，超过24%则是“超高龄社会”。

如果以60岁为界限，60岁以上的老龄人口在5%~10%之间，则是“成年型社会”。反之，老龄人口占总人口的5%以下，则是“年轻化社会”。60岁以上人口占总人口比例的10%则被视为“老龄化社会”。

1.2 社会全体大趋势

现在全球每10个人中，就有一个60岁以上的老人，即老人与非老龄人口比例为1：9，而这个数字到2050年，将从1：9增加到1：5，世界老年人口将近20亿。

根据联合国提供的最新统计数字，2002年全世界60岁以上的老人为6.29亿，占世界人口总数的10%。到2050年，老人人数将猛增到19.64亿，占世界总人口的21%，平均每年增长9000万。其中，世界经济发达地区的老人总数将由目前的2.36亿人增加到3.95亿人，占该地区总人口的比例将由目前的20%增加到33%。经济欠发达地区将由目前的3.93亿人猛增到15.69亿人，占总人口的比例将由目前的8%增加到19%。

2009年最新公布数据：全球老年人口首超婴儿人数。到2040年全球老年人口总数将超过13亿。

一些国家2050年将成为“超高龄型国家”，如西班牙的老龄人口占总人口的比例将由目前的22%增长到44%，意大利的老龄人口比例将增长到42%，日本也将会增长到42%。

而中国的发展速度更是惊人，预计到2010年，中国60岁及65岁以上人口比例将分别为12.18%和8.12%，2020年为16.23%和11.30%，2030年为22.34%和15.21%，2040年将为25%和20%。

进入21世纪，老龄化社会成为世界大趋势，并将伴随整个世纪始终。

老龄问题在亚洲尤其突出且深刻。1970年日本在亚洲国家中率先进入老龄化社会，1999年中国也迈入这一行列。据1994年发布的联合国预测

全球老龄化进程

资料，亚洲太平洋地区的老年人口正在逐年增长。预计到2025年，亚洲太平洋地区的老年人口会达到6.23亿，占世界老年人口总数的56%，也就是说，世界上有超过一半的老年人口是在亚洲，由经济上比欧美相对弱势的亚洲国家负担。

1.3 世界的老龄人口大国

欧洲的国家进入老龄化社会是经过了平稳而缓慢的过程，各国由高出生率、高死亡率转变为低出生率、低死亡率，经历了几十年甚至上百年的时间。

直至“二战”后的低出生率造成人口严重失衡，西欧和美国才加紧对人口老龄化问题的关注和研究。

表1–1 各国老龄人口占总人口比例的到达年次及倍化年数

序号	国名	65岁以上人口占总人口的比例						
		7%	10%	14%	20%	23%	7%～14%所经历年数	10%～20%所经历年数
1	中国	1999	2015	2026	2036	2050	27年	21年
2	日本	1970	1985	1994	2007	2014	24年	22年
3	澳大利亚	1940	1985	2015	2034	——	75年	49年
4	美国	1945	1972	2014	2033	——	69年	61年
5	瑞士	1935	1959	1982	2020	2027	47年	61年
6	德国	1930	1952	1972	2017	2026	42年	65年
7	瑞典	1890	1950	1972	2016	2038	82年	66年
8	挪威	1890	1954	1977	2030	——	87年	76年
9	英国	1930	1950	1976	2028	2039	46年	78年
10	法国	1865	1935	1979	2021	2033	114年	86年

资料来源：UN, The sea and Age Distribution of world Population. 日本厚生省人口问题研究所，1995年版

可是，发展中国家却是以底子薄、速度快、承担力弱、涉及面广、负担沉重的姿态，面对老龄社会来临的威胁。我国在实行多年的计划生育政策后，才发现控制人口所带来的另一种长远的影响。

表1-1的数据显示了世界10个老龄人口大国65岁以上老龄人口占总人口的比例由7%~14%以及由10%~20%所到达的年次和所经历年数。

从表中的数据可以清楚地看出，欧洲的国家是最先进入老龄化社会的，但进展速度平稳而缓慢。法国尽管率先进入老龄化社会，但其65岁以上老龄人口占总人口的比重由7%~14%经历了114年之久，挪威和瑞典也有80多年。欧美国家差不多历时半个世纪到一个世纪才由老龄化社会过渡到高龄社会。

在亚洲则不同，中国和日本大致相同，只经27年的时间就将由7%增至14%，而由10%~20%所经历的年数只有21年，中国将超过日本跃居世界第一。这样的“世界第一”将会带给我们什么？我们又该如何应对？

下一章我们就来详细分析一下中国人口老龄化的现状及其发展趋势。

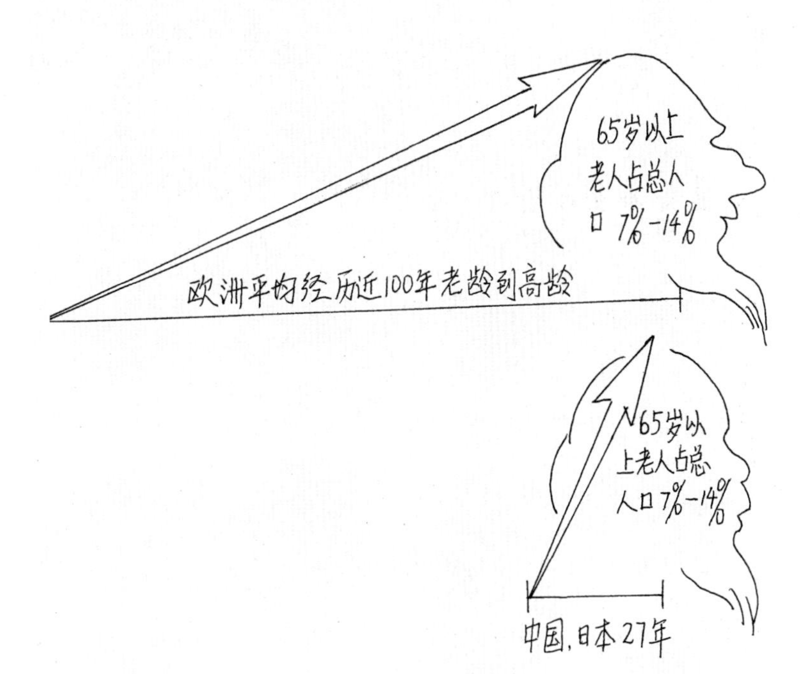

养老设施及老年居住建筑

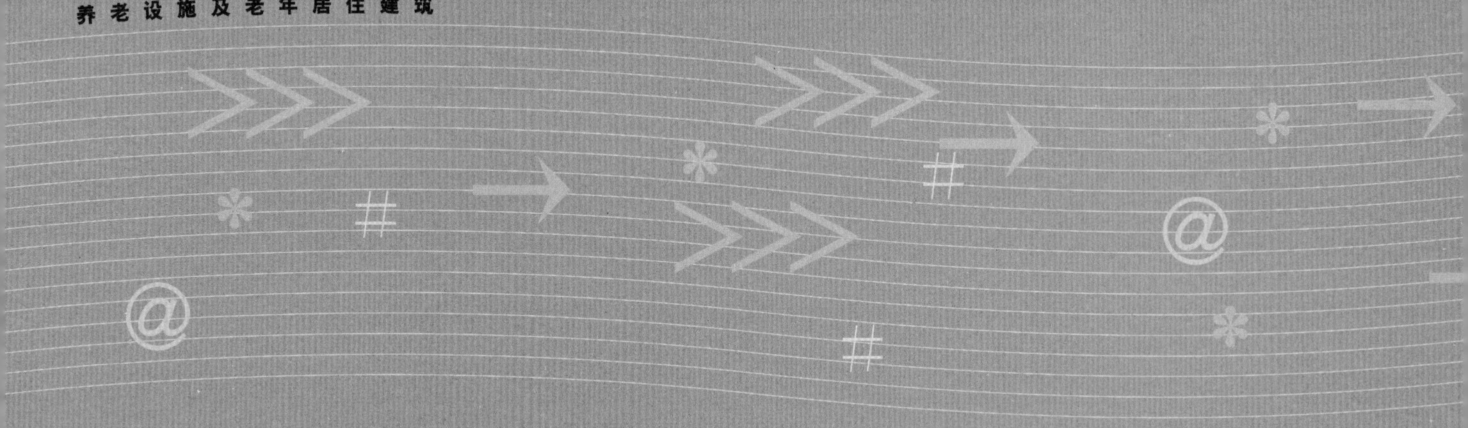

第2章
中国——究竟有多“老”？

第2章 中国——究竟有多“老”？

中国老人占世界老年人口总量的1/5

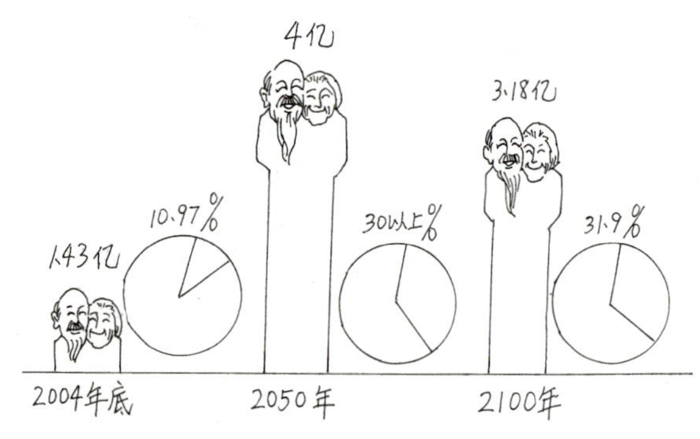

中国未来100年老龄化趋势

2.1 中国人口老龄化的现状

我国1999年开始步入老龄化社会。目前中国是全世界老年人口最多的国家。

让我们先来看看下面的一组数字：

- 1999年中国步入老龄化社会，是世界上老年人口最多的国家，占全球老年人口总量的1/5。
- 20世纪80年代以来，60岁以上的老年人口平均每年以3%的速度持续增长。更为突出的是，80岁以上高龄老人已高达1100万，并以年均5%的速度递增。
- 2004年底，60岁及以上老年人口为1.43亿，占全国总人口的11%，相当于俄罗斯全国的总人口，也与法国和德国人口的总和基本相同。
- 最新公布数据：截至2005年底，60岁及以上的老年人口为1.4408亿，占总人口的11.03%（其中65岁及以上老年人口为1.0045亿，首次突破1亿大关，占总人口的7.69%）。
- 预计：现在起到2020年，60岁及以上老年人口将每年平均增加596万（相当于增加一个芬兰的全国人口），年均增长速度达到3.28%，大大超过总人口年均0.66%的增长速度。
- 21世纪中叶，60岁以上的老年人口将达到4.37亿左右，这意味着每3～4人中就有一位是60岁以上的老人。约占亚洲老年人口总数的36%，占世界老年人口总数的22.3%。

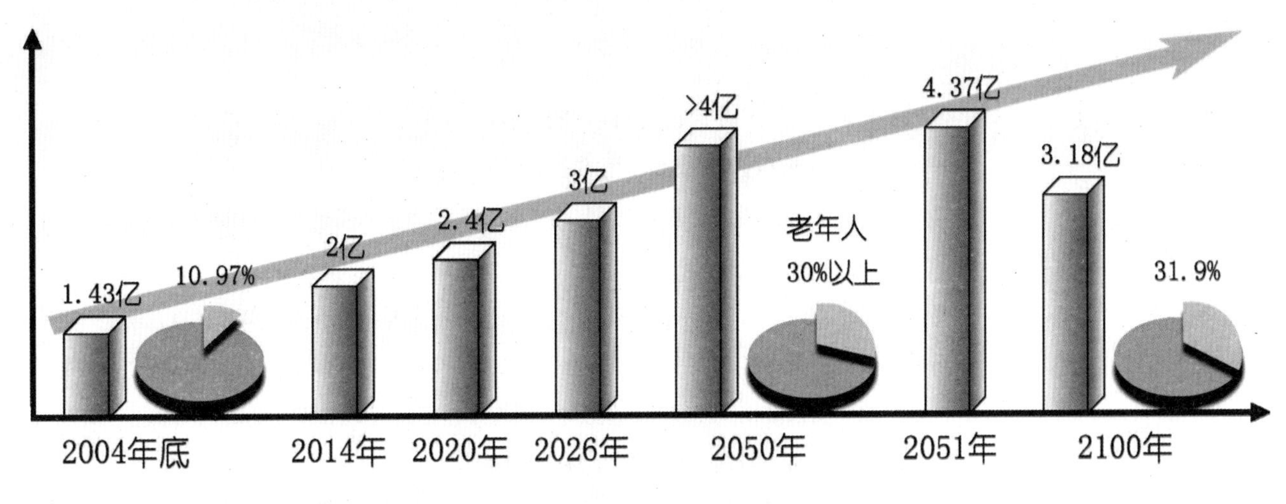

图2-1　中国未来100年老龄化趋势

图2-1以2004年底预测的老年人口数据为基准，显示出2014年中国60岁及以上的老年人口将达到2亿，2020年达2.4亿，2026年将达到3亿，预计到2050年超过4亿，2051年将达到峰值的4.37亿，约为当时少儿人口数量的2倍，60岁及以上老年人口占总人口的比重也将推进到30%以上。特别应引起注意的是，届时老年人口中80岁及以上老人将达到9448万，占老年人口的21.78%。

2051年老人是少儿的2倍

到本世纪末中国的老年人口将一直维持在3亿~4亿的规模。

对这样的变化起到决定性作用的主要为以下两个因素：

第一，随着生活水平和医疗保障的改善，人的寿命不断延长，目前中国的人均寿命已超过65岁。

第二，独生子女政策使年轻人口不断减少。中国是一个有多子多福、养儿防老文化传统的国家。但是为了有效控制人口总数，中国政府自1979年以来一直推行计划生育政策，通过限制每个家庭孩子的数量，成功地将中国人口出生率从1980年的2.2‰，减少到2005年的1.4‰，大大低于目前全世界2.1‰的平均水平。

这样急速的低出生率加之低死亡率，必然会造成中国人口老龄化的迅猛发展。

2.2 中国人口老龄化的特征

全国老龄办于2006年2月23日发布了《中国人口老龄化发展趋势预测研究报告》的研究成果。这是全国老龄办首次发布关于人口老龄化的报告。《报告》分三部分介绍了中国人口老龄化的现状和压力、发展趋势及其特点，以及中国人口老龄化带来的问题与政策建议。

根据《中国人口老龄化发展趋势预测研究报告》以及本报告第一章所述内容，我们总结了中国人口老龄化的六大特征：

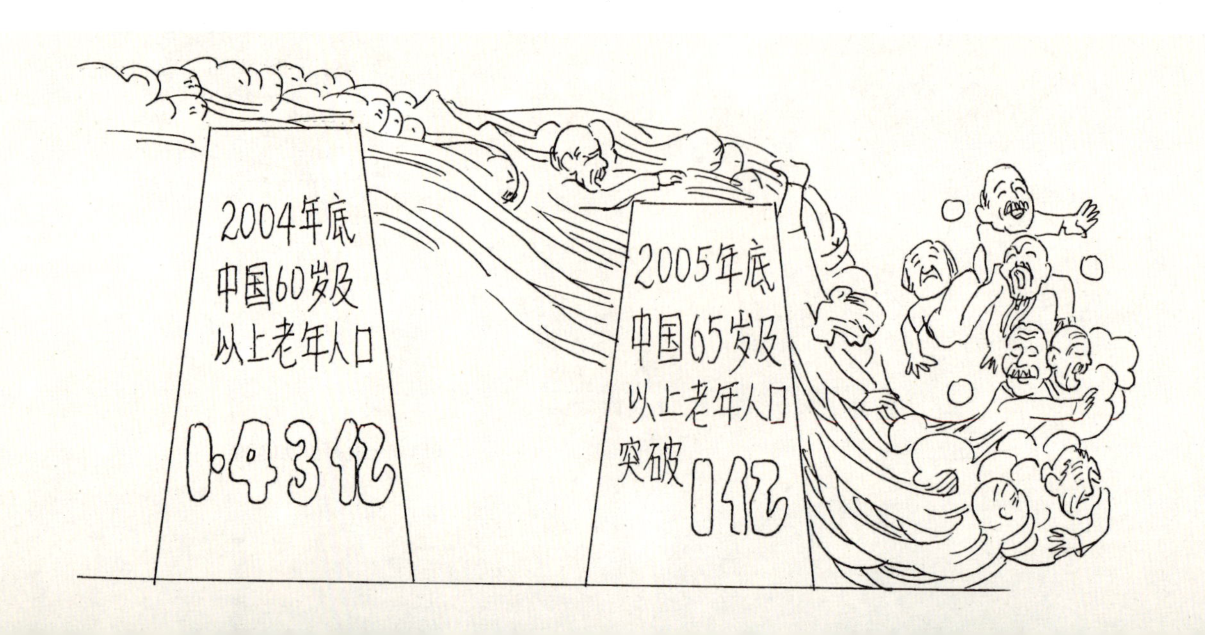

1. **老年人口规模巨大。**2004年底，中国60岁及以上老年人口为1.43亿，这一数字超过了日本全国人口总数（2004年日本全国总人口近1.3亿）。据2005年底全国人口1%抽样调查的数据表示，我国65岁及以上老年人口首次突破1亿大关。中国老年人口的绝对数是任何一个国家都无法比拟的。

2. **老龄化发展迅速。**65岁以上老年人口占总人口的比例从7%提升到14%，发达国家大多用了45年以上的时间，而中国只用27年就将完成这个历程，并且递增速度逐步加快，属于老龄化速度最快的国家。

3. **地区发展不平衡。**中国的人口老龄化发展具有明显的由东向西的区域梯次特征，东部沿海经济发达地区明显快于西部经济欠发达地区。最早进入人口老年型城市的上海（1979年）与将最迟进入人口老年型行列的宁夏（2012年）相比较，时间跨度长达33年。

4. **城乡倒置显著。**目前，中国农村的老龄化水平高于城镇1.24个百分点，这种城乡倒置的状况将一直持续到

地区发展不平衡

城乡倒置显著

中国老年人口女性多于男性

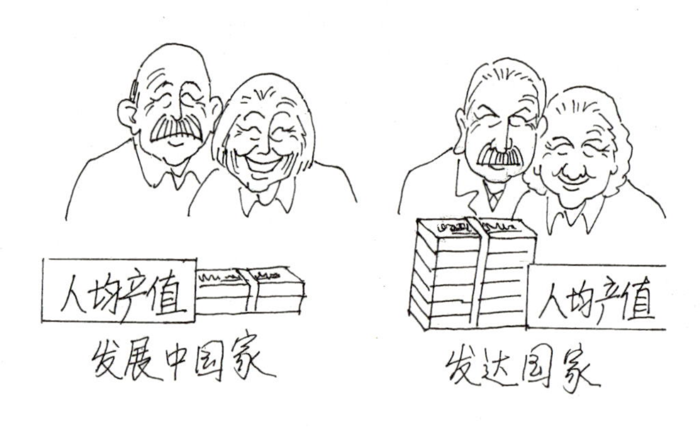

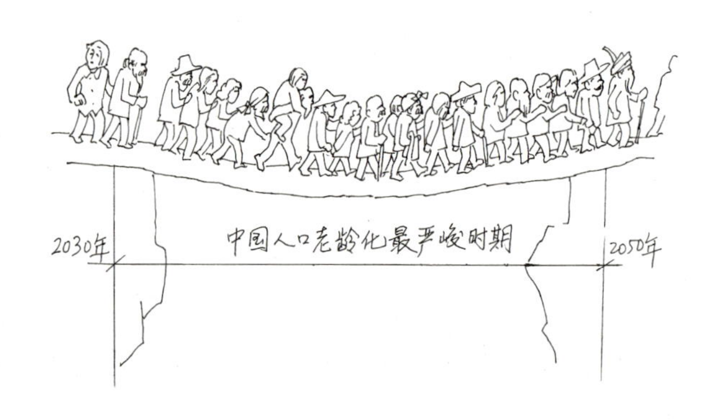

2040年。预计，到21世纪后半叶，城镇的老龄化水平才逐步超过农村，并逐渐拉开差距。这是中国人口老龄化不同于发达国家的重要特征之一。

5. 女性老年人口数量多于男性。目前，我国老年人口中女性比男性多出464万人，2049年将达到峰值，多出2645万人。21世纪下半叶，多出的女性老年人口基本稳定在1700万~1900万人。 而且这部分人口中50%~70%都是80岁以上年龄段的高龄女性人口。

6. 老龄化超前于现代化。发达国家是在基本实现现代化的条件下进入老龄化社会的，其人均国内生产总值一般都在5000~10000美元以上，属于“先富后老”或“富老同步”。而中国则是在经济尚不发达的情况下提前进入老龄化社会的，属于“未富先老”。中国目前人均国内生产总值才刚刚超过3000美元（2009年），仍属于中等偏低收入国家行列，应对人口老龄化的经济实力还比较薄弱。

综观中国人口老龄化趋势，可以概括为以下四点主要结论：

第一，人口老龄化将伴随21世纪始终。

第二，2030年到2050年是中国人口老龄化最严峻的时期。

第三，重度人口老龄化问题将日益突出。

第四，中国将面临人口老龄化和人口总量过多的双重压力。

我们相信，中国的人口问题意义最重大的变化，在于人口年龄分布状况而不是人口规模。老龄化的问题某种程度上在中国潜伏已久。从1980年开始，中国老年人口增长速度比世界和亚洲平均速度快得多。在20年前从没思考过这个严重的问题，因为那时候有大量0~15岁的年轻人，他们迅速在劳动力上取代了老年人。不幸的是，1980年以后年轻人力的储备迅速下降，而老年人数量超过剩下的年轻人时，老龄化将很快成为一个威胁中国经济持续高速增长可感知的压力。

《中国人口老龄化发展趋势预测研究报告》中指出，人口老龄化必将带来一些新的矛盾和压力，对我国经济和社会的发展提出新的挑战：在建立适应社会主义市场经济要求的社会保障制度方面，养老、医疗等社会保障的压力巨大；在建立满足庞大老年人群需求的为老社会服务体系方面，加快社会资源合理配置，增加为老服务设施，健全为老服务网络的压力巨大；在处理代际关系方面，解决庞大老年人群和劳动年龄人群利益冲突的压力巨大；在协调城乡和谐发展方面，解决农村老龄问题，特别是中西部落后和老少边穷地区老龄问题的压力巨大。同时，中国政府和整个社会还必须付出巨大成本来调整消费结构、产业结构、社会管理体制等，以适应人口年龄结构的巨大变化。

按照养老责任承担者的不同，分为“家庭养老”和“社会养老”

2.3　养老模式·传统观念和新冲击

把老龄化社会的快速形成，看成一种现世的社会冲击，我们会发现最值得考虑的是家庭和社会人口结构的变化。人口老龄化体现在日常生活中的表现就在于养老模式及养老观念的转变。

一般而言，养老模式主要有两种分类方法，一是按照养老责任承担者的不同，将养老模式分为“家庭养老”和“社会养老”；二是按照养老地点即老人居住环境的不

按照养老地点的不同，分为“居家养老”和“异地养老”

同，将其分为“居家养老”和“异地养老”。

所谓**养老责任**，是指政府和家庭谁来承担对老人的经济赡养、生活照料和精神安慰的责任，以及各自承担多少的问题。所谓**居住环境**，指的是养老地点的选择问题，即是选择在家养老还是离家养老的问题。

家庭养老，是指由家庭成员（主要是子女）承担全部或主要的养老责任。

社会养老，顾名思义就是由社会承担全部或部分养老责任。

居家养老，是指老人在自己或子女的住宅中居住，但并不意味着由家庭成员来全部或主要承担养老责任。换言之，居家养老不一定就是家庭养老。这是一个单向对应，而不是双向对应的关系。“家庭养老”模式必然对应着“居家养老”模式，但“居家养老”模式则不一定是“家庭养老”模式。

异地养老，就是指老人离开自己的住宅居住，即到老年公寓、养老院、福利院、护理院进行集中养老。与居家养老相反，异地养老一般来说必然对应着社会养老模式，需要由社会承担大部分或全部的经济赡养、生活照料、精神安慰等养老责任。与居家养老一致的是，“异地养老”与“社会养老”同样也是单向对应关系，“社会养老”并不一定是“异地养老”，但“异地养老”一般是“社会养老”。

“421”家庭结构

作为中国的传统观念，自古以来就是“家庭养老”，这是由中国深厚的文化传统和社会经济因素决定的。

东方的文化传统和特定的社会经济因素，形成了双向抚养的亲子关系。尽管我国“核家族化”（即家庭结构小型化）的趋势显著，但有老人的主干家庭是不会消失的，亲密的家庭网络和敬老爱幼的传统风尚更不会泯灭。许多子女在经济独立甚至结婚生子后，仍与父母居住在一起。即使自立门户，经济上也完全独立，并没有相互依存的需要，但生活上依然与父母保持着紧密的联系。子女在各个方面继续为老人提供生活上的照顾和精神上的安慰。因此，从整体上讲，他们仍属一个家庭，继续发挥着传统家庭的功能。

“心有余而力不足”　　　　“空巢”家庭

但是，我们面临着家庭规模日趋小型化、家庭养老资源减少、供养能力下降等问题。今后中国普遍的“421”家庭结构（即：4位老人，2个第二代，1个第三代）更造成了赡养比例的失调，工作压力、异地居住等问题使得很多儿女无暇照顾老人，“空巢”家庭问题普遍出现。1987年，我国空巢家庭在有老人的家庭中所占的比例只有16.7%，而1999年上升到25.8%。尤其值得注意的是，单身独居老人在老年人口中的比例，由1987年的3.8%上升到1999年的11%。“空巢”现象除了生活不便之外，主要是在心理上增加了老人的孤独感，这种孤独感里又增添了思念、担心、自怜和无助等复杂的情感体验。有很多空巢老人都深居简出，很少与社会交往，由此造成内心抑郁，带来更多的疾病和痛苦。这些绝不是子女们有意而为，古语有“百善孝为先”，但是在社会环境、工作压力、经济条件面前，特别是当两个子女面对四个老人时，我们是不是只能说“心有余而力不足”了呢。

如前所述，欧美国家是世界上最先进入老龄化社会的，经过半个多世纪的探索和努力，总结了很多的经验。从国外发达国家养老模式的历史发展来看，养老模式从一开始推行社会养老模式以解决传统家庭养老模式带给家庭的沉重养老负担，到后期回归家庭以解决社会养老所面临的居住环境恶化的问题，经历了一个“否定之否定”的螺旋式发展过程。

但是，欧美国家的这些经验在中国是否适用？东西方文化的差异对养老模式及传统观念的转变又具有哪些影响呢？

下面我们先来看一看东西方文化的不同，以及由此所带来的家庭、亲子关系甚至老年人心理价值取向的不同。 西方家庭的亲子关系被归纳为**“接力型”**，而东方家庭的亲子关系为**“反哺型”**（图2-2）。

西方的家庭成员有很强的个体独立性，他们先是独立的个体，尔后才是家庭。在西方家庭中，父亲首先是自己，其次是妻子的丈夫，然后才是孩子的父亲。他们会优先保证自己的生活品质，然后再决定对孩子养育和教育的付出。但东方人则不同。在东方的家庭中，每个人首先是整体中的一员，其次才是独立的个体。父亲首先是孩子的父亲，其次是妻子的丈夫，最后才是自己。东方人对于家庭尤其是对孩子，都拥有一种极为彻底的奉献精神。所以，从我们的父辈身上不难看出，他们为我们后代所承担的是一种“无限责任”，而西方的父母只为孩子承担“有限责任”。那么，作为东方人的孩子对于我们的父母也理所应当承担着“无限责任”（注1）。

根据我们的观察，在东西方老人的眼里，对于安度晚年的参照性也是完全不同的。这里我们想要表达的是，东西方的养老模式是不可能相同的，是不可以用同一种标准进行衡量的，我们也不能简单地把西方的老年公寓或养老社区直接搬到东方来。日本及新加坡等率先进入老龄化社会的亚洲国家，已经过多年的实践证明了这一点。这其中最为深层的原因就是东西方老年人心理价值取向的不同。

所以，那些在西方社会养老模式中合理的东西，对于我们东方社会而言，未必合理。一种模式合理与否，我们不能只考虑它的现在，还必须研究它的过去。如果我们把东西方老人的养老方式比喻为一种契约模式的话，那么，对比之后我们就不难发现，在西方的老人年轻的时候，他们未来的养老契约主要是和政府签订的。换言之，政府是他们的第一养老责任人，而子女是他们的第二养老责任人。中国则不同，在我们的父母年轻的时候，很大程度上养儿就是为了防老，那个时候，社会化养老还远没有成为一种成熟的模式，甚至连模式的雏形还没有。因此，他们对未来的概念就是，自己的子女绝对是他们养老的第一寄托、第一责任人，甚至是惟一责任人。所以，他们在养育自己的孩子时，有意无意地都全部投入，不管我们承认与否，这个看不见的契约事实上已经存在。虽然社会进步了，虽然社会化养老出现了，但是这份养老契约是不可能取消的。换言之，在中国，子女永远是养老责任的承担者。

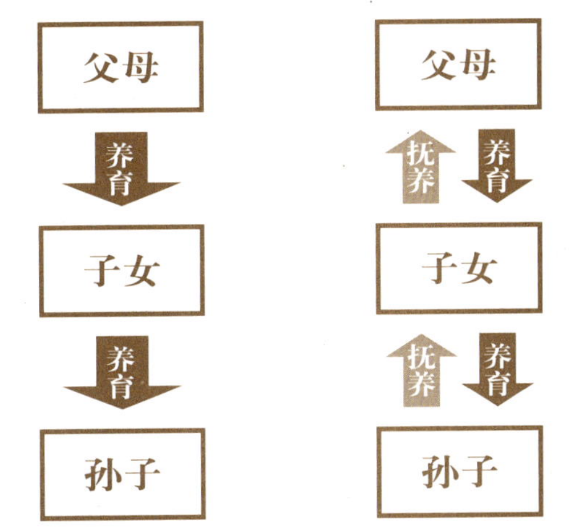

图2–2　东西方亲子关系的比较

老年人的基本生活需求可以分为经济保障、生活照料、精神安慰三个方面，他们不仅仅满足于丰衣足食、日常照料，而更需要得到子女的关怀、理解和精神安慰，这种老人心理和感情上的需求，是任何福利机构都难以代替的。我们应当意识到，父母不是我们的负担，从高一个层次说，父母是我们真正的财富，正如中国有一句老话“家有一老，如有一宝”，这句话绝对不是没根据的。

在老龄化社会的世界趋势中，我们还必须考虑，每个老人不只是一个人，还是我们的长辈。而且，整个老人群体是曾经对社会作出了相当贡献的群体，也是留下了一切成果给后人享受和传承的群体。这也就是说，老人的问题，并不仅仅是一个社会问题、一个福利措施的问题，它

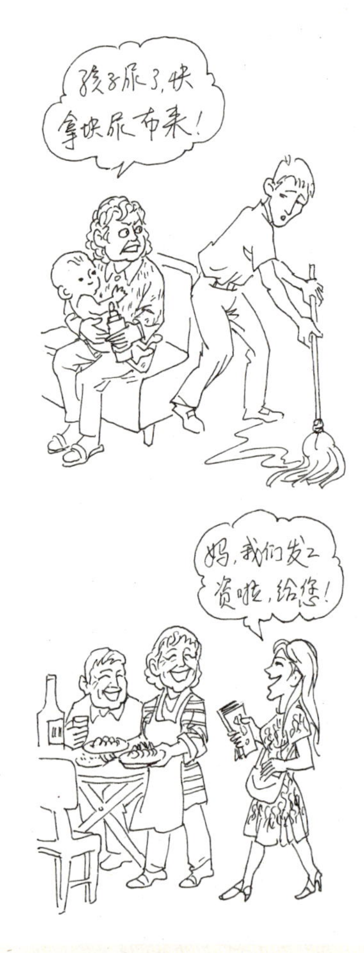

也是一个社会中道德义务的课题，是一项人文课题。中国当代的养老问题，首先应当从亲情社会的角度来考量，任何技术与经济手段都只能作为手段而存在，而思考问题的出发点，则必须以符合社会伦理的“合情性”为前提。按照中国民族的传统文化，我们都希望如《礼运·大同篇》所说的“老有所终”，让老年人可以毫无遗憾、不再辛苦、含饴弄孙、尽享天伦、做自己喜欢做的事、完成未竟之志、安享晚年……

可是，在现实社会中，不论是社会的、福利的、人文的安排，看来都未尽美满。无论就家庭或社会而言，老龄人口比重的提高，相对的又遇到生产力人口比例不一定提高，使老人的养老送终成为年轻一辈的重承，仅仅依靠传统的家庭养老模式已经无法负担。可以说，在老龄化社会，不少老人都活得很痛苦，这种痛苦，不一定是源自生理或健康上的，它往往是精神上的、心灵上的……

所有这一切都直接挑战了传统的“养儿防老”的意识，使传统的家庭养老模式陷入困境。我们又不能简单地把西方的老年公寓或养老社区直接搬到东方来。那么，在中国经济社会的发展步入21世纪初叶之时，我们要如何对待为国家、为儿女贡献了一辈子的老人？我们究竟还能为含辛茹苦、倾其所有养育我们的父辈们做些什么呢？

我们结合以上所述以及国外发达国家的一些经验，提出一个**新型“在宅养老”的养老模式**（图2-3）。这里所谓的“在宅养老”，不同于普通的居家养老，而是指

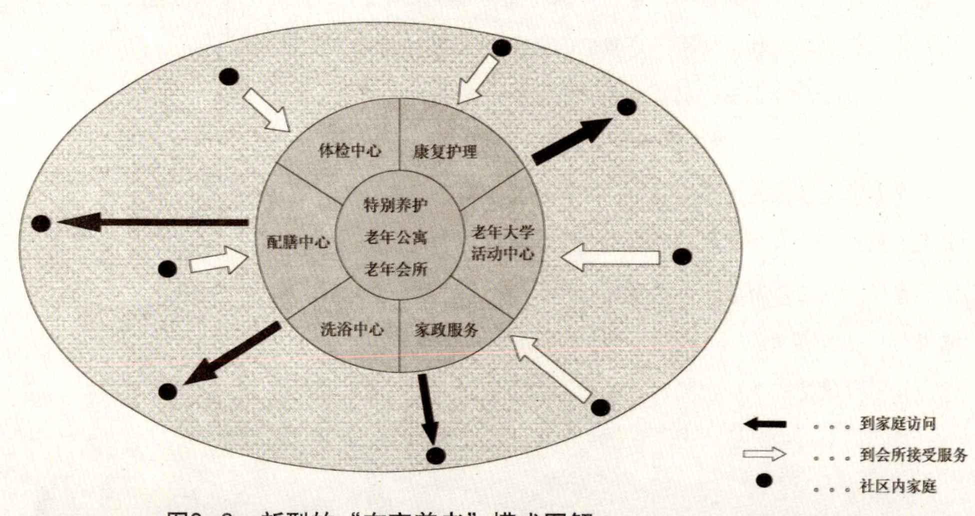

图2-3　新型的“在宅养老”模式图解

老年人居住在自己或子女的住宅中，但并非由家庭成员来承担全部的养老责任，而是采取社会化服务的方式解决经济保障和生活照料这一主要养老责任，建立一个处于社区中心的特别设施，以解决大部分的生活照料甚至精神安慰的责任。这个特别设施我们可以称之为“特别养护老年公寓”或者“老年会所”，它可以为老年人提供日常的衣食住行及保健护理，也可以接待老年人短期或长期的居住，并为社区内健康的老年人提供就业、交往与娱乐活动的机会和场所，尊重老人的经验，发挥老人的余热，创造一个和谐的、亲情的、健康的、以人为本的养老环境。

“在宅养老”模式不是一种社会养老的技术性手段，而必须在论证技术上的可行性以及经济上的合理性之前，以符合社会伦理的“合情性”为前提，创建“老有所敬、老有所养、老有所学、老有所用、老有所乐、老有所医、老有所终”的中国式新型养老社区。我们要根据不同时代的养老问题，制定出不同时代的养老政策，在与时代同步的前提下，思考每个时代养老问题的答案。

这种“在宅养老”的居住形式可以是多种多样的。按照与子女居住的分离程度，其居住空间的组合方式可以有“两代居”和“网络式家庭共居”两种形式。其中，“两代居”包括在一般大户型基础上，对老年人的特殊需求进行改进的完全同居型、部分功能分离的半同居型、仅共用门厅的半邻居型等同层同户型和设立独立门户的同层不同户型的完全邻居型。“网络式家庭”包括同层不同单元的同楼层近邻、同楼不同层近居、同街（坊）不同楼的共居和同（社）区不同街（坊）共居，甚至还可以是短时期不同城的居住。对于空巢老人或是无子女的老人，这种“在

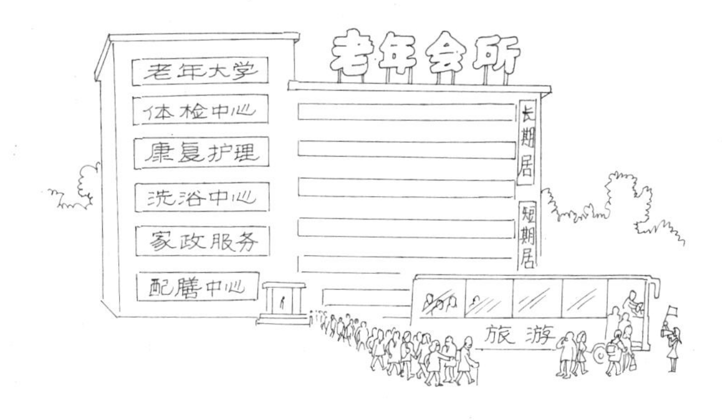

宅养老”的居住形式也同样可行，通过社会化服务的方式解决老人的各项需求。老年人可以根据自己的健康状况、经济能力、性格取向选择各种适合自己、方便自己的服务方式和服务内容。

总之，不同的养老模式特点各异，其优点和不足也都不是绝对的。对于具体的养老模式选择，也必然表现出多种模式相互结合的形式，不同模式相互补充并不断变化。社会养老是与社会发展相符的必然趋势，目前甚至今后相当长一段时间内，适合我国的养老模式是以家庭养老为主、社会养老为辅，在宅养老为主、异地养老为辅，多种养老模式混合的形式。在选择具体结合形式时，除了从模式本身的角度出发之外，还必须从模式之间的相互关系，以及社会、经济发展状况角度考虑。

很多国家都在一边思考如何建立完善的养老制度和适宜的养老方式，一边不断改进现有的养老模式。欧美各国由于其个体独立性的影响注重发展社会养老设施。而在东方，受到儒家思想的影响，为避免重蹈西方福利国家所经历的沉重财政负担，试图寻求维系传统的家庭伦理观念及尊老爱幼的社会风尚。为了消除现代社会生活方式的改变、家庭观念的变化以及家庭结构小型化的趋势对家庭养老环境的冲击与功能的削弱，亚洲国家在维护和改善家庭养老环境及创造新的居住模式方面作了许多的努力。欧洲和美国也已经从最初的机构养老，发展到社区养老，这种改变就是为了避免老年人心理上的孤独感、封闭感。而英美、日本等国的老人日间照料方式，就把日常护理、家庭护理和医疗保健结合起来，让老年人能够在白天得到需要的帮助和照料，晚上回到自己家中尽享天伦之乐。

集中养老机构的种种弊端，使那些在福利机构的老年人，迫切希望重返昔日的传统社会，以摆脱与社会隔绝所造成的情感困惑。现在很多国家大力提倡老人回到社区中去，既可以使老人在自己习惯的环境生活下去，有归属感、亲切感，又可减轻社会经济负担。同时号召将老年活动设施由集中封闭型向社会开放型转变，并逐步向高质量、高层次发展。如老年大学、老年工作室、老年俱乐部、老年日间配膳中心等设施的建立，有利于老人高层次、多方位的追求和自我实现，促使老人走向社会，关心周围事物，直接参与社会生活。

现代化养老模式已经开始由家庭养老向社会化养老过渡，探索介于福利设施与家庭养老之间的新型养老设施越来越引起社会的重视。遗憾的是，中国在1999年步入老龄化社会以来，新建、改建了不少养老院、老年公寓，还有新开发的养老社区、退休养老家园等等，但是，真正意义上的符合上述新型“在宅养老”模式的设施、社区还没有出现。尽管有些设施、社区已经提出了部分类似概念，但是，如何将其实现、如何形成系统化等等，在设计、运营等方面，还有待进一步的探索与完善。借鉴国外发达国家的做法和经验教训，可使我国在尚不富有就已进入老龄化社会这一无可选择的条件下，少走些弯路。

未来是以老年人为主导的世界，大家已经在逐渐形成这样的认知。对于我国这样的发展中国家而言，国外发展的经验和趋势具有非常重要的指导和借鉴作用。于是在“银发社会”来临之际，我们希望能结合国外发达国家，特别是与中国同属于东方文化的日本的做法，探索一种符合中国特色的养老模式，建设适合中国国情的养老社区。

下一章就将介绍国外发达国家，尤其是日本的一些情况和案例。

养老设施及老年居住建筑

第 3 章
国外发达国家的老年人如何养老?

第3章
国外发达国家的老年人如何养老？

德国

3.1 发达国家的老龄问题和政策

从人类生存和发展的角度来看，人口老龄化是一件值得高兴的事情。毕竟，人类通过各种努力，使个体的生命力不断延长，这是人类科学的进步。但是，当一系列由于社会老龄化所带来的问题摆在各个国家的面前时，人口老龄化就不再是一件值得庆幸的事情了。

人口老龄化带来的突出问题就是，用于老年社会保障的费用大量增加，给政府以及下一代带来沉重的负担。

德国是世界上最早由国家设立养老保障的国家，现在其社会福利费用在国民生产总值中的比重已占30%以上。德国近些年来经济低迷，一个主要原因就是社会福利包袱太重，而经济不景气又使庞大的福利开支难以为继。为了打破这一恶性循环，施罗德政府上台后实施了名为“2010年议程”的改革计划，通过降低税率增加个人和企业的收入，以刺激消费和投资；逐年削减失业者的救济金并加强再就业培训，对拒绝再就业者予以削减救济金惩罚；推迟甚至暂时冻结退休者养老金的增加。

德国的养老保险分为三种：法定养老保险（约占每月总收入的18.6%）、企业补充养老保险和私人养老保险。其养老保险制度遵循着三项原则，第一是保障生活标准。这是养老保险的最高目标，它使投保人在从职业生涯过渡到退休状态后，其生活质量不至于大幅下降。第二是养老金与工资、缴费挂钩。即缴纳养老保险费及以后支付的养老保险金的高低，原则上依据投保人的劳动工资而定，但也有最高缴纳界限（约为平均工资水平的175%）。第三是活化养老金原则。即养老金和养老金资格要定期分享经济进步带来的繁荣。

英国的养老保障制度于1908年建立，是一种以扶助为主的无筹资养老金制度，对象仅限于生活困难的老龄者，并有着种种限制。以后在此基础上扩大给付范围，把原来的定额养老金作为基础部分，又在它之上设立所得比例养老金，成为“二阶层型”的养老金制度。

现在，英国的养老保障制度由政府立法，强行执行，适用范围是全体居民。英国养老保险制度的最主要的特点是实行多层次、多渠道、多形式的养老保险体制，把各个阶层、各种职业的人都组织和吸引到国家、企业、个人三结合的养老保险网里，争取全体老人都能达到老有所养。

从总体来说，分为三个层次，第一层次是政府的基本养老金。自1948年开始实施，资金来源于个人缴纳的所得税。额度相当于退休前个人平均收入的20%左右。第二层次有政府的“附加养老金”和企业的“职业养老金”，一般与个人收入挂钩。第三层次是鼓励私人向保险公司投保养老保险，基本上属于一种储蓄养老。

瑞典早在20世纪50年代便建立起了社会养老制度。经过半个世纪的努力，瑞典的养老制度已日臻完善，各级政府为老人们撑起了四把安度晚年的保护伞。基本养老金为老人提供基本的经济保障，住房补贴保证退休老人都能拥有住房，省级地方政府提供医疗保障，市级地方政府提供社会服务保障。

瑞典的高税收（30%左右的所得税及商品价格中25%的增值税）支撑着高福利的社会保障制度。但高福利政策也养活了一些靠福利金生活的懒人，为改变这种状况，瑞典从20世纪90年代初开始改革社会保障体制，在实行全民统一保障标准的基础上，分阶段引入福利待遇和工龄长

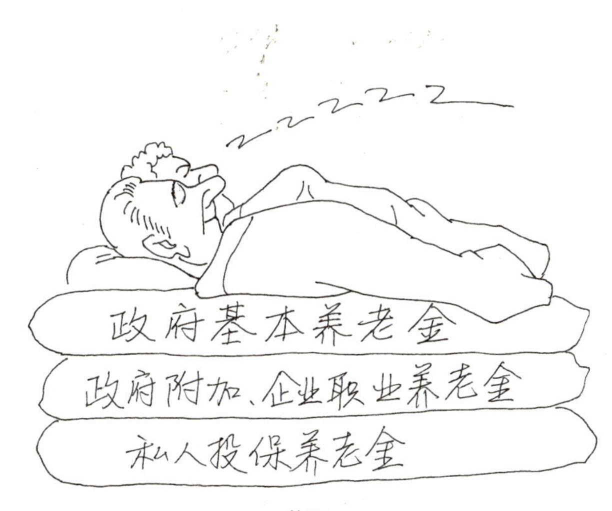

英国

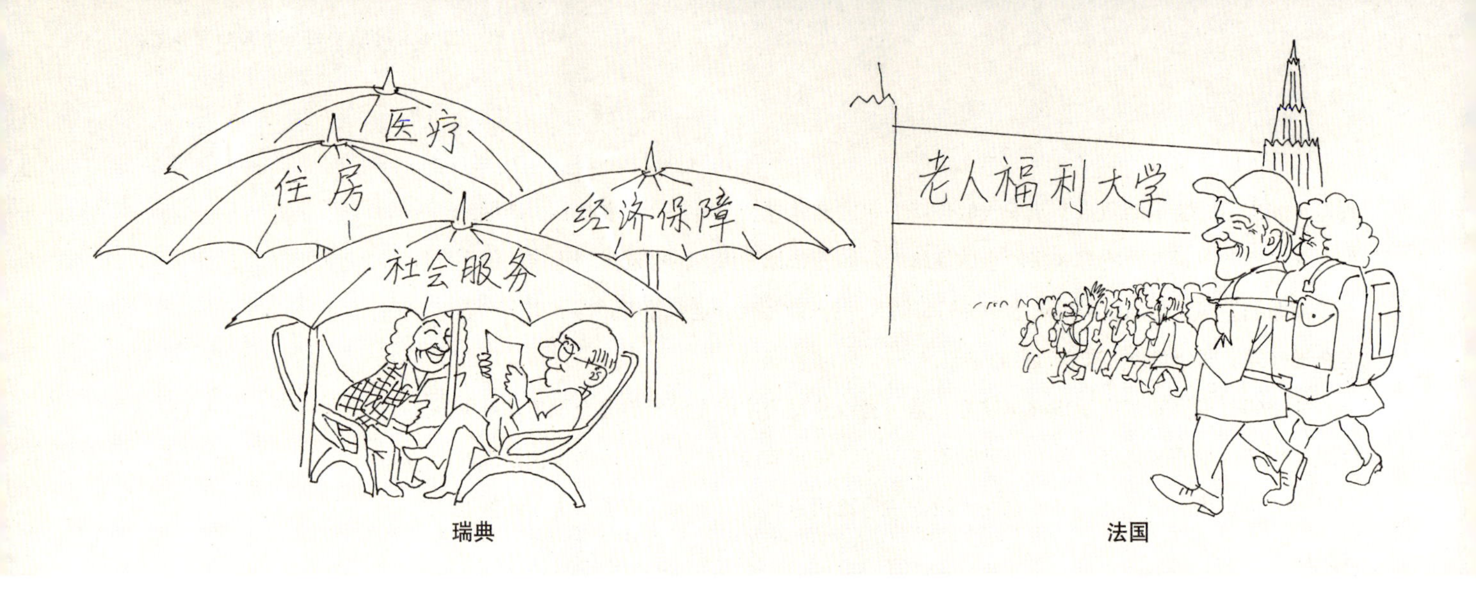

瑞典　　法国

短、工资高低挂钩的原则。其养老保障制度也有所改进，退休金与工龄长短、工资高低挂钩，大部分养老金的数额相当于退休前工资的70%，老年人可享受到接近免费的医疗服务，包括家政服务和生活护理。

法国在1945年10月由政府制定了社会保障制度，以后多次补充修改，适用范围不断扩大。法国的退休年龄上限是70岁，退休金的来源主要是两部分，一是由政府负担，二是按照法律规定，在任职期间缴纳工资的6%作为退休储备金。另外法国还把开办老人大学列为老人福利的内容之一，称老人大学为第三年龄大学。老人大学的经费开支，列入政府预算。

美国

美国现在的社会保障制度是从1935年开始实行的。联邦政府每月向雇员和雇主征收一定的社会保障税，由政府存入社会保障基金，雇员到了规定的退休年龄后，再由政府从基金中取出逐月发给雇员。各级政府的退休人员，享有较为丰厚的政府退休金。美国现行的社会保障税率为个人收入的7.65%，其中5.6%为养老基金税，1.45%为住院保险基金税，0.6%为残疾保险基金税。另外，雇主还要再为雇员缴纳7.65%，政府实际征收的税金相当于雇员收入的15.3%。

美国养老业作为一个产业持续发展的重要原因，是在法律上有一套鼓励、监督机制来保证养老机构的高质量服务。该鼓励监督机制体现在两个方面：一是一套完整和不断发展的评估体系，二是相对独立的监察员体制。

政府给老人的医疗保险和医疗补助可以支付老人们在护理院入住的部分开销，这笔费用由政府发放到护理院。护理院想要得到政府的钱，就必须符合政府的各项规定，并且在每年的质量评估中达标。政府的主管部门每年对养老机构进行审查，只有符合审核标准、质量评估达标的护理院才有可能得到政府的医疗保险和医疗补助。由于联邦和州政府的资金是通过各种税收得到的，实际用的是纳税人的钱，因此每一个纳税人都有权要求政府对养老机构采取鼓励和监督措施，最终得到高质量的服务。

对辅助养老机构而言，如果要想得到某些医疗补助资助的项目，也要符合规定和标准。大部分辅助机构没有政府的支持，主要遵守市场竞争的原则运营。

一方面是政府对养老机构的直接监察监督，另一方面是政府施行美国老人法，拨款给监察员项目。由监察员和入住养老机构的老人直接接触交流，来保护老人的合法权益，以及监督改善养老机构的服务质量。如果老人对入住的养老机构服务质量不满意，一般来说，先在养老机构内部设法寻求解决。如果仍然不能满意，可以在监察员那里申诉。美国养老产业是一个发展了几十年并比较成熟的行业。

其实，为了解决日益严重的老龄问题以及老人福利的大幅支出，不少国家都采取了很多相应措施。但是，一些国家也在担心国家对老人的养老福利支出可能会不堪负荷，基金面临瓦解。

我们在第一章中所列的数据，显示了世界老龄人口大国的老龄化进程。欧洲的国家是最先进入老龄化社会的。从19世纪后半叶开始，欧美等国陆续进入老龄化社会，但其进展速度平稳而缓慢。而亚洲国家进入老龄化社会比欧洲整整晚了一个多世纪，但其来势凶猛，在不到半个世纪的时间里，世界上就会有超过一半的老年人口是在亚洲。

日本是亚洲最先进入老龄化社会的国家，从1970年已开始步入老龄化社会。由于它跻身先进国行列，又是从敬老和重视老人的亚洲儒家传统走出来的，所以具有典型的代表性。日本这30多年来针对老龄问题所作的各项尝试、借鉴、探索和不懈的努力，都会成为亚洲其他老龄化国家最重要的参考依据。

在第一章中我们还看到，中国和日本的老龄化速度大致相同，属于老龄化进程速度最快国家之列。中国和日本在文化上具有血缘关系，所带来的家庭、亲子关系甚至老年人心理价值取向都十分近似。中国（特别是南方地区）和日本在地理上气候上的接近，使得老年人的生活方式及生活习惯也大致相同。而另一方面，中国人口老龄化的六大特征（见第二章）致使我们没有充足的时间和经济条件去重新探索解决中国的老龄问题，我们必须借鉴日本在老龄政策、老龄设施以及经营管理方面的经验和教训，完成历史赋予我们的使命。

早在20世纪下半叶，日本政府已开始关注人口不断老化的问题，老人不仅是社会与国家的议题，也是个十分重要的世界议题。日本政府把老龄工作纳入社会经济发展规划，并以立法作保证。1959年，日本颁布《国民年金法》，采取国家、行业、个人共同分担的办法，强制20岁～60岁的国民加入国民年金体系。1963年，政府推出了倡导保障老年人整体生活利益的《老人福利法》，推行社会化养老。日本主管福利事业的厚生省还将1970年定为“调适老龄化社会年”，并召开讨论老龄问题的国民会议。1973年由政府有关省、局组成“老人对策计划小组”。1983年制定的《老人保健法》在1985年正式生效，全面推广老人保健设施，使日本老人福利政策的重心开始转移到居家养老、居家

看护的方向。这三项法律恰似三根支柱，支撑起日本的老人福利保障体系。

1986年日本内阁颁布《长寿社会对策大纲》，1988年公布《实现老龄福利社会措施的原则与目标》，1989年制定《促进老人健康与福利服务十年战略规划》。在1995年，订立了现行的《老龄社会对策基本法》。此外，为适应老人家庭护理要求的新形势，从2000年开始执行国家护理保险制度，以40岁以上的国民为对象，用其保险费收入、税、使用费构成“财源”，以社区为主体提供护理服务。2001年4月开始实施《关于确保高龄者居住安定的法律》，保障高龄者安定居住。日本政府担心现行的养老保险制度今后难以为继，于2004年修改“养老保险相关法案”，通过加大政府财政拨款、提高被保险者必须缴纳的养老保险金额、减少养老保险金的支付额等措施，努力确保养老保险的“财源”，稳定养老保险体系。

日本政府还规定每年9月15日为“敬老日”（现在改为9月的第三个星期一），9月的第三周为“老人福利周”，每年的这一周里，各级政府官员分别给老年人发慰问信、送礼品，对高龄老人则登门拜访，组织老年人参加各种活动，宣传、散发老年人福利事业的各种信息等。

《老龄社会对策基本法》在1995年颁布实施后，已成为日本老龄者措施的基本框架。政府于1996年根据这一法律，制定了《老龄社会对策大纲》，建立“每一位国民都能衷心感到长寿是件好事”的社会目标，并指明了在就业与收入、健康与福利、学习与参与社会、生活环境、调查研究等五个领域，应该实施的措施和方针。

1. **就业与收入**——确保老龄人口的就业机会，支持老年人通过自助方式，努力去就业以确保收入。具体措施包括整建职业经验利用中心，并通过老龄人才中心提供临时或短期的就业机会。

2. **健康与福利**——整体推动老龄人口健康事业，充实医疗业和保险业以及福利服务，支持护理工作等。具体措施包括整建健康科学中心和特护老人疗养院，发放老人看护福利补贴，并促进健康福利用品的普及。

3. **学习与参与社会**——建设终身学习的社会，支援老龄者参与社会并参加志愿者活动等。具体措施包括整建各级终身学习中心及志愿者中心，推动大学推广教育等。许多老人也是各种宗教、文化、社会事业的义工及其志愿者。

4. **生活环境**——确保舒适的居住条件，在街道建设中也考虑到老龄人口的生理及心理的需要，包括各种无障碍措施。具体措施包括向有老人的家庭提供更多贷款、协助他们购买住房，建造一定比例的老龄住宅、低价出租。另外，政府通过提供补助，鼓励交通企业购买无台阶巴士以及超低踏板有轨电车。

5. **调查研究**——针对老龄人口特有的疾病和生理、心理的特点，积极推广福利用具的研究开发。

综观日本的老龄政策，首要的是从政府行为到民间传统都认识到妥善照护老人的机构相当重要，并确保年长者的生活要过得有尊严、健康、幸福和有用武之地。这和我国的“老有所敬、老有所养、老有所学、老有所用、老有所乐、老有所医、老有所终”的理念是不谋而合的。

3.2 欧美发达国家老年人居住状况

解决老年人的居住问题，对每个国家稳定国民民心、鼓励他们参与经济建设都具有重大的意义。

国外发达国家的老年人居住，从一开始的推行社会养老以解决传统家庭养老沉重的家庭负担，到后期回归家庭来解决社会养老所面临的居住环境恶化的问题，经历了一个“否定之否定”的螺旋式发展过程。经过几十年的反复尝试得出，理想的老年居住模式应该是允许老年人自由且独立地生活，并提供必要的协助，而不应该一切包办，否则反而会降低老年人的活动能力，加速老化进程。

发达国家在解决老年居住问题上**主要有三个特点**：

一是让大多数老人仍住在自己家里，同时发展为老人上门服务的业务。包括定期上门进行身体检查、小病上门治疗的保健服务，室内外清洁、代购生活用品的家庭生活服务，并大力发展适合老年人的社区健身、文娱活动。

二是适度发展老年公寓。按类型可分为普通型老年公寓、养老院型老年公寓和医护型老年公寓3种。普通型老年公寓中，每个老人有一套房，一般为一室（或二室）一厅一

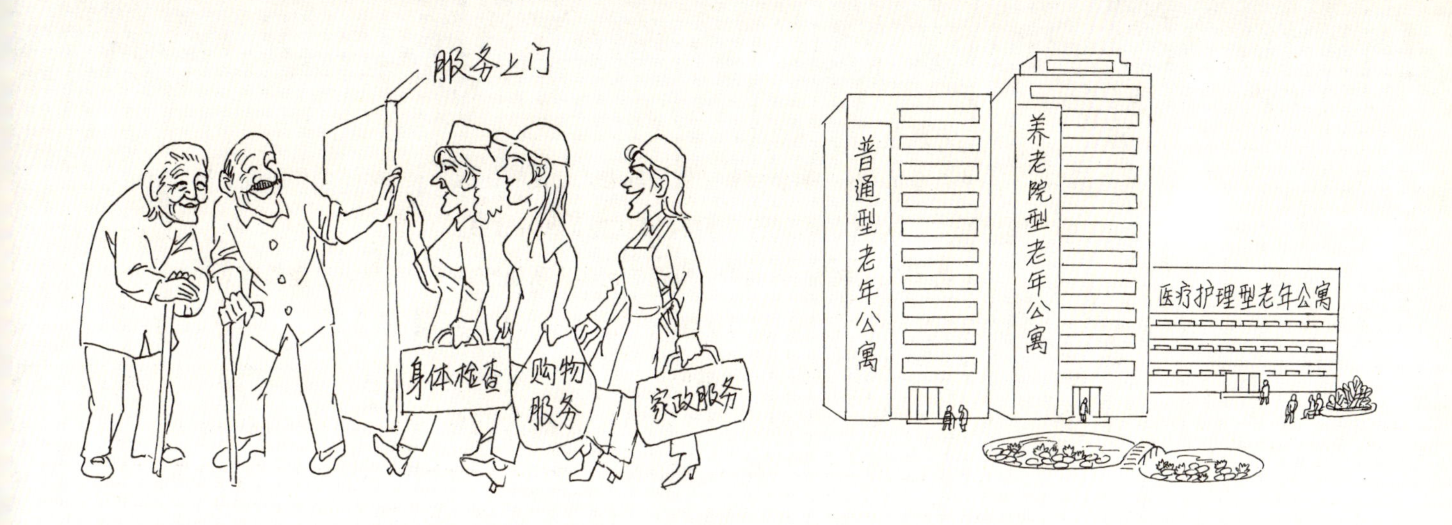

厨一卫，住房面积较小，但日常的清洁卫生、日用采购、医护保健等专项服务比居家方便得多。养老院型老年公寓中的老人也是一人一套房，内有一室一厅一厨一卫，具有一定的护理机能，各个房间墙上两面或三面都悬有警铃绳，老人昏厥倒下时可以抓住带响警铃。医护型老年公寓相比养老院而言更类似医院，每个老人住一间类似旅馆的房间，即卧室与卫生间相连，不带客厅和厨房。

三是个人支付与社会保障相结合。老年公寓的收费，既要考虑使老年人用掉养老金及一部分其他收入，又要让老年人留有余钱添置衣物和生活用品；同时对确有困难的老年人给予适当的社会保障补贴。

1986年，国际慈善机构（HTA）制定了**老年人居住建筑的分类标准**，将老年住宅的建筑模式，按照老年人所需社会服务支援的程度，划分为**七种类型**。

a 类：非老年专用或用作富有活力的退休和退休前老人居住的住宅。他们有生活自理能力，因而可独立生活在自己的寓所中。

b 类：可供富有活力，生活基本自理，仅需要某种程度监护和少许帮助的健康老人居住的住宅。

c 类：专为健康的老人建造的住所，附有帮助老人基本独立生活的设施，提供全天监护和最低限度的服务和公用设施。

d类：专为体力衰弱而智力健全的老人建造的住所。入住者不需要医院护理，但可能偶然需要个人生活的帮助和照料，提供监护和膳食供应。

e类：专为体力尚健而智力衰退的老年人所建的住所。入住者可能需要某些个人生活的监护和照料。公用设施同d类，但可按需另增护理人员。

f类：专为体力和智力都衰退，并需要个人监护的老人所设。入住者中很多人生活不能自理，因而住所不可能是独立的，可为住者提供进餐、助浴、清洁和穿衣等服务。

g类：入住者除同f类外，还有患病、受伤的、临时或永久的病人，这类建筑中所提供医疗和护理的应是注册医护机构，住房几乎全部应为单床间。

各国在此基础上规定了本国的老年居住建筑模式，其与该国对老年问题的政策、制度有关，也与其文化背景有关。

欧美的老年居住模式大体上可以划分为四种：独立式老年住宅、集合式老年住宅（老年人集中居住的住宅）、护理型老年住宅以及公立养老院（社会福利性）。而我国老年公寓的模式大体上可以划分为三种：成套老年公寓住宅、合居老年公寓、护理和医疗型老年公寓或机构。

老年住宅特别是独立的老年公寓，在欧美国家发展较早。老年住宅兴起于北欧一些国家，20世纪70年代在美国一些城市发展起来。下面我们选择几个有代表性的国家，简单介绍一下。

1. 美国的老年人居住状况

美国的老年住宅是从1960年左右开始出现的。20世纪60年代，随着国民收入的增长、老年人口的增加、家庭小型化和女性逐渐走入社会，同时国家在医疗、福利方面针对老年人推出一系列政策，老年住宅的市场需求明显提升。另一方面，美国的老年人一般不与子女同住，美国社会特有的种族犯罪问题，也使得老年人，特别是白人老人欲寻求一个远离社会的安全的居住环境。这样，在气候温暖的南方、西海岸，相继开发出一些大型的老年社区，规模从500户到70000户不等。

美国的老年住宅（Senior Housing）按照不同的服务内容通常分为五种类型，即独立生活住宅（Independent Living）、集中生活住宅（Congregate Housing）、生活辅助住宅（Assisted Living）、护理院（Nursing Homes）、特殊照顾型住宅（Alzheimer's Care）。

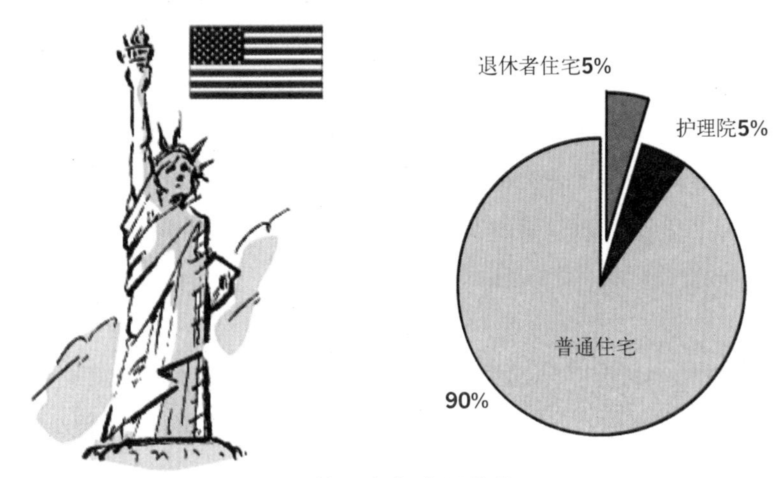

图3–1　美国老年人居住状况

这五类老年住宅提供的服务如下所示：

独立生活住宅：面向身体健康状况良好的老年人，提供丰富的社区服务和社区活动，包括所有的公共配套设施，老年人有良好的生活环境和充分的活动自由。由于这类老年人的自理能力较强，身体健康状况也较好，这类住宅只提供必需的最低限的日常生活服务（近似于宾馆的服务项目）。这类住宅更注重居住的个人私密空间，规模在100~200户的较多。

集中生活住宅：也是面向身体健康状况较好的老年人，除了同样提供较多的社区服务、享受完全自由的生活环境外，与独立生活住宅不同，这类住宅还提供了很多的日常生活服务、医疗服务和更多的社区活动。由于这类住宅所提供的服务集中、便利、及时，选择这类住宅的以高龄健康老人居多，规模也多在100~200户。

生活辅助住宅：面向身体健康状况稍差的老年人，针对老年人的健康状况提供相应的社区活动和医疗服务，同时，还提供了很多的社区服务和24小时对应的日常生活服务，包括提供一日三餐、喂饭、喂药、洗衣、帮助洗澡、换衣、清洁、体检及其他生活需求。这类住宅提供的服务近似于护理院，但是更强调居住空间的私密性，规模一般在80~120户。

护理院：面向身体健康状况较差、生活不能自理的老年人，提供周到的日常生活照顾、社区生活服务和医疗服务，使老人享受到相对较高的生活质量和得当的医疗措施。

一般为一人间和二人间，受制于健康状况，这类老年人的生活环境和可参加的社区活动受到较多的限制。

特殊照顾型住宅："特殊照顾"是针对患有阿尔茨海默氏病（Alzheimer's症，一种老年痴呆症）的老年人而言的，这类住宅为患病的老年人提供很多的日常生活照顾，同时提供较多的社区生活服务和医疗服务。另外，针对这类老年人的特殊性，老人们可参与的社区活动是受到限制的，其内部设施也有一些特殊的要求。

在美国，用来支付这些老年住宅和各项服务的资金主要来源于以下几种渠道：

自有资金（Private Funds）、政府医疗补助（Medicaid）、政府医疗保险（Medicare）、长期服务保险（Long-Term Care Insurance）和政府补贴（Supplemental Security Income）。这其中政府和各类保险资金占据了绝大多数。特别是对于失去部分生活能力和身患重病的老年人，为他们服务的老年住宅基本上全靠政府资金运作，属于一种社会福利性质的机构。因此，从性质上来看，美国的这种老年住宅并不完全是市场化的产品，而是市场需求和政府引导共同作用的结果。

对于独立生活住宅，由于在此居住的老年人身体健康状况良好，甚至有相当一部分人仍在工作，因此，这类住宅大都是由老年人用其自有资金支付的。与另外几类老年住宅不同，这类住宅的开发不完全依靠政府，而是由开发商开发的。但是，政府在其开发过程中仍然会给予开发商减税等政策方面的支持，使得老年住宅的销售价格低于同类普通住宅的售价。与其对应，购买老年住宅的业主也会受到一定的限制。美国政府要求购买老年住宅的业主年龄必须在55岁以上，而且该住宅的常住人口不得多于两人，来访的第三人在老年住宅中的累计居住时间每年不得超过一个月。这类住宅没有康复、医疗的功能，但是具有良好的社区环境，提供周到的社区服务和丰富多彩的社区活动。通常情况下，这类老年住宅多位于离市区较近的郊区，且大都与高尔夫球场相结合，既为社区营造了良好的环境，又为老年人提供了活动场地。同时，这类老年住宅一般都是低密度的，以一层的独栋住宅为主。居住面积也比一般的美国住宅小。

由于健康老年人的数量要远远高于失去生活能力的老年人数量，因此，在现实市场中，针对健康老年人的独立生活住宅和集中生活住宅是美国老年人住宅市场的主体。

1980～1990年间，护理院、中长期照料和其他老年住房增加了24%。生活辅助住宅是老年住房市场里近期发展最快的部分。1990年该部分的收入为125亿美元，2000年约300亿美元。

现在美国约有20%的老年人有自己的住房，而有些老人则更愿意迁移到退休社区，特别是在气候温暖的南方，有的社区就像一个小城镇。这些社区拥有大量单独的公寓或住宅，从一居室到三居室都有，且多是一二层建筑，每户内空调、热水器、微波炉等家用电器齐备，老年人可买可租。社区附设各种配套服务设施，包括居家料理、清洁、洗濯的家政服务，理财服务，出行便利服务，医疗护理服务等。同时还设有很多保健和娱乐场所，包括游泳池、健身房、按摩浴池、骑马场、保龄球场、高尔夫球场、舞厅、图书室、电脑室、陶艺室、木工房、缝纫室、种植园等。另有各种生活配套场所，如银行、商店、餐馆、医院、超市等。上述这些服务机构既有政府资助的非营利的福利机构，也有以营利为目的的私营服务机构。

2. 英国的老年人居住状况

英国65岁以上的老年人口中，有92%还是居住在普通住宅内，老人在习惯的居住环境中可以得到基本的社区服务；有5%居住在老年社区内，以自立自理为主，同时享受较多的社区服务和社区活动；另有3%居住在养老院（老人之家）内，接受日常生活和医疗服务。

英国的老年住宅比较重视营造家庭氛围，以小型的居多。老年住宅的分类，比照美

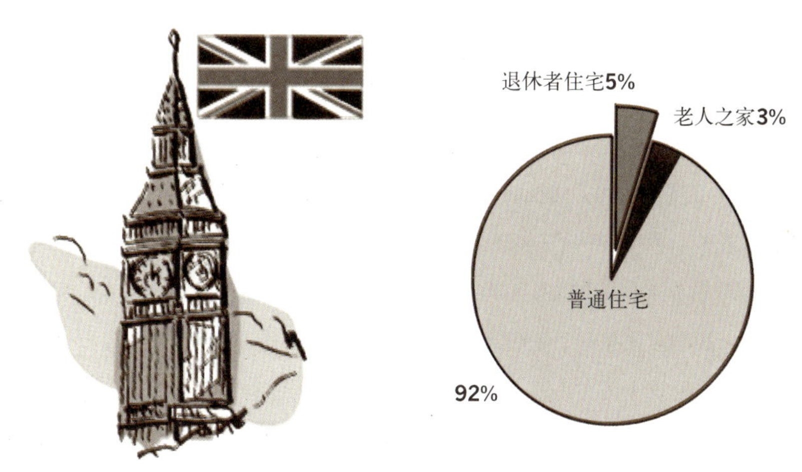

图3–2　英国老年人居住状况

国老年住宅的称谓，按服务内容可分为以下四类：

独立生活住宅：这类住宅在设计上非常注重住宅的独立性和老人行动的便利性。同时考虑到随老人年龄增加会使用步行器、轮椅等辅助用具，在门口、走廊的宽度，各房间之间的流畅衔接等方面，都从设计上得到保证。这类住宅基本不提供日常生活服务，规模一般不到20户。

集中生活住宅：这类住宅的最大特点是备有监护服务和紧急呼叫对讲装置。老人集中生活，但是每人一套居室，每户设有寝室、厨房、带浴缸的卫生间。另有共用厅、公用洗衣间、公用电话间。老人的日常生活以自我料理为主，每一栋楼另配备监护人（管理人员），提供老人的日常协助和突发事件的应对。监护人仅提供最低限的服务，通过紧急呼叫对讲装置应对老人的突发事件，并负责与相关部门联系、协调。住户规模从监护人的应对能力来讲，以25~35户为佳。

生活辅助住宅：面向生活自理能力稍差的老年人，老人也是集中生活，独立居住，每户设有寝室、厨房，但卫生间内只有淋浴设备。公共设施除与集中生活住宅同样的设施之外，还设有提供一日三餐的公共食堂，提供帮助的公共浴室和应对紧急情况的护理室。监护人24小时值班。这类住宅的规模一般是40户左右。

养老院：面向生活不能自理的老年人，提供日常的生活服务、护理服务和医疗服务。老人合居，公共设施和配套服务较齐全。规模从15~100人不等。

3. 瑞典的老年人居住状况

瑞典65岁以上的老年人口中，有91.4%居住在普通住宅内，可以得到基本的社区服务；有5.6%居住在服务型住宅内，以自立自理为主，同时享受较多的社区服务和社区活动；另有3%居住在养老院内，接受日常生活照料和医疗服务。

瑞典各级政府针对老年人在养老金发放、住房补贴、免费医疗、提供社会服务等方面建立了较完备的养老保障制度。其住房政策以扶助老年人独立生活为目标，同时最大限度满足老年人长期居住在一个他们熟悉的地方和环境中的意愿。

瑞典老年居住模式主要有：

普通住宅：由于经济能力较强，拥有自己的私宅或租房的老年人约占91.4%，居住在普通住宅的老人由社会福利委员会提供看护、帮助和其他服务。

老年专用公寓：是设立在普通公寓中的老年人专用住宅单元，室内陈设专为老年人设计，配备管理人员，由社会服务机构提供上门服务。

服务住宅和家庭式旅馆：内设多套居住单元，一般为一居室和二居室，厨卫独立，并有紧急呼叫系统。住户的独立性很强，公共服务以维持老年人的独立生活为目标，提供各种可供自由选择的生活支援服务。公共设施包括公共餐厅、阅览室、医务室和健身娱乐设施等。住宅规模趋向小型化。

老人之家：面向高龄体弱老人，内设带盥洗室的单人房间，家居化的公共设施，24小时对应的监护系统，并设有公共餐厅、公共休息室、图书室和健身房等。

4. 法国的老年人居住状况

人类历史上最早进入老龄化社会的国家就是法国。当1850年欧洲产业革命即将胜利的时候，法国60岁以上老年人已占人口的10%，进入了老龄化社会。法国也是欧洲人口老龄化国家的典型。

服务型住宅5.6%

老人之家3%

普通住宅

91.4%

图3–3　瑞典老年人居住状况

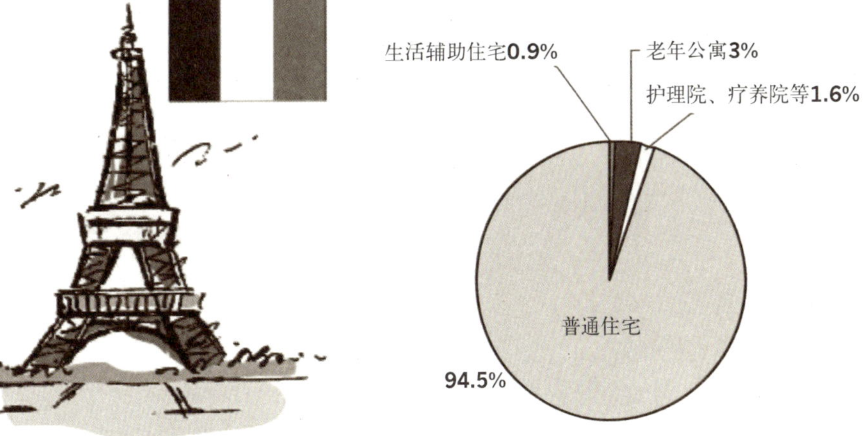

图3–4　法国老年人居住状况

特色鲜明的老年酒店式公寓是法国解决老年人住房问题的主要模式。在这种酒店式公寓中，配套设施完全依据老年人的需要设计，如防滑设施和无障碍设施等。服务人员远远多于酒店或酒店式公寓，老年人可以根据自己的需要选择长住或短住。

在法国，居住在养老设施里的老人约占老年人口的6%，在欧洲国家中收养率最高。法国的养老居住建筑大体上可以划分为以下四种：

生活辅助住宅：面向生活能自理的老年人，一般设在居民区内，分公立和私立两种。房费自理，收费较低，除食宿外，还提供文化生活服务和一般的医疗保健服务。

老年公寓：是老年人合住的住所，分单人间、双人间和三人间，有完善的服务设施，包括饮食、沐浴、洗衣、文娱活动和医疗保健等。

护理院：面向生活不能自理的有病的老年人，生活服务和医疗服务设施比较完善。

疗养院：以康复医疗为主，面向经治疗后有恢复生活自理能力可能的老年患者和老年慢性病患者，是介于养老院和医院中间的机构。

在法国，住在普通住宅的老年人达94.5%，且绝大多数与子女分居，其中仅有5%为三代同堂。他们的生活照料由社区的家庭服务员提供从生活料理到医疗保健的多种上门服务。同时，社区的老年俱乐部丰富了老人的业余生活。

5. 德国的老年人居住状况

德国是世界上最早由国家设立养老保障的国家。德国的老年住宅模式大致分为社会住宅体系和养老院体系两种，入住养老院体系的老年人约占60岁以上老年人口的5%。上述两种体系通常毗邻建设，以共享服务设施和医疗设施。

老年人的居住模式根据其身体健康状况大致作如下划分：

社会住宅：近似于老年社区，面向低收入的健康老人，政府给予优惠政策或直接出资，并对房租进行补贴。这类住宅基本上不提供日常生活服务，而与老年设施共享社区服务。住宅内部专为老年人设计无障碍通道、扶手、紧急呼叫装置等。

老年公寓：面向生活能自理的老年人，居室配置独立的厨房及卫浴间，形式近似于普通住宅。

养老院：面向生活自理能力较弱的老年人，提供一定的生活援助、生活照料。入住规模通常在80~150人。

护理院：面向老年慢性病患者及生活不能自理的老年人，提供日常的生活照料服务和医疗护理服务。

综合机构：是将老年公寓、养老院和护理院的功能组成一体综合运作的机构，能够使老年人随年龄的增加、身体状况的弱化，仍得到连贯的生活照料服务。这种模式得到政府的大力倡导。

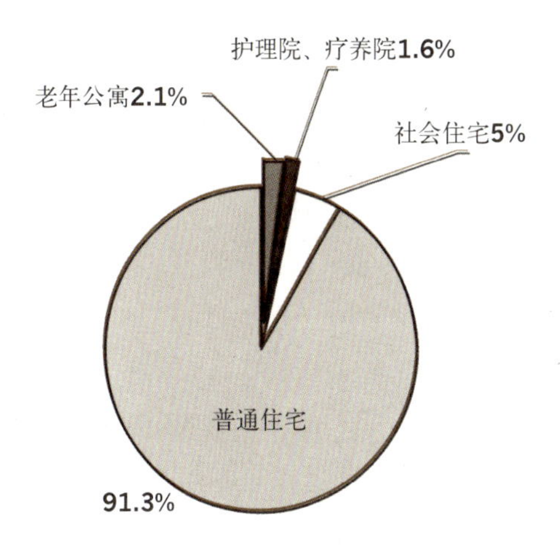

图3–5　德国老年人居住状况

3.3 日本的老年居住建筑模式和高龄者设施

日本不仅是亚洲最早进入老龄化社会的国家，而且是世界上人均寿命最长的国家。日本自1970年开始步入老龄化社会，已经在这30多年来，针对老龄问题以及老年人的居住问题，参考上述欧美等发达国家的实例及经验教训，作了各项尝试、借鉴、探索和不懈的努力。

日本提倡老年人和家人住在一起，居住在普通住宅的老人占94.6%。日本的养老模式在参照西方发达国家的同时，又注重本国孝敬老人的传统，在实践中逐渐形成以社会保险、社会救济、社会福利和医疗保健为主要内容的养老保障体系。

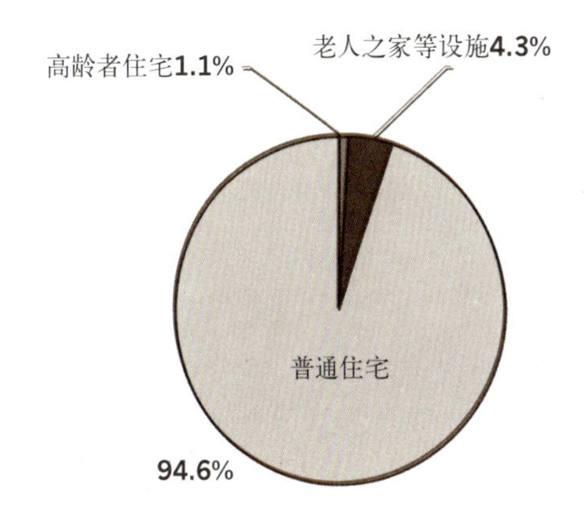

图3–6　日本老年人居住状况

在日本把老龄设施统称为高龄者设施，大致分为九大类，分别介绍如下（图3-7）。

1. 护理型老人福利设施（特别养护老人之家）

这是日本的《老人福利法》和《介护保险法》规定的老人福利设施。主要接收需要护理的65岁以上的老人入住，并提供饮食、洗浴等必要的生活服务，类似于中国的敬老院和公立养老院。这类设施几乎都是由日本的地方自治体和社会福祉法人经营，有介护保险的老人个人只负担10%的费用，其余90%的费用由介护保险支付。

作为公立的老人福利设施，以往的特别养护老人之家多为双人间和四人间。2003年重新修改法令后，规定新建护理型老人福利设施原则上必须为单人间的生活单元型老人福利设施。每个设施最低入住人数不少于20人，老人居室的使用面积不少于每人13.2m^2（包含洗脸间，但不包含厕所的面积），双人间的净面积不低于21.3m^2，可以与老人日间服务中心、短期入住、居家护理支援中心等并设。这类设施的平均规模为每个床位45～55m^2，原则上10人为一个生活单元，每个设施不少于两个生活单元。

2. 老人保健设施

这是1986年《老人保健法》修改后创设的高龄者设施，2000年4月伴随着《介护保险法》的实施而转向由介护保险负担。主要接收处于病情安定期、没有必要住院治疗、需要康复训练和护理的65岁以上的老人，为老人提供医疗护理和生活服务。这是以回归家庭为前提的一个介于医院及家庭之间的具有疗养功能的过渡设施。

规定每个疗养室要少于4个床位，使用面积在每人8m^{2}以上（包含洗脸间和储藏空间，但不包含厕所）。入住者

老人保健设施

介护疗养型医疗设施

的平均入住期间为3~10个月，一般比上述的护理型老人福利设施的入住期间短。老人保健设施也是公立性质的设施，多由日本的医疗法人经营，也可以由日本的地方自治体和社会福祉法人经营。平均规模为每个床位35～40m²，设施没有人数的限制，大部分的老人保健设施为50～150个床位。

3. 介护疗养型医疗设施

以需要长期疗养的患者为对象，经医疗机构确认，适用于介护保险的以治疗为主的设施。与上述两类设施相同，有介护保险的老人个人只负担10%的费用，其余90%的费用由介护保险支付。

病房的使用面积不少于6.4m²/人，每个房间内应少于4个床位。随着《介护保险法》的修改，可采用护理型老人福利设施的单人间生活单元型的设施标准建设。平均规模为每个床位35～45m²，设施没有人数的限制。

以上三类为日本介护保险设施，下面的几项属于高龄者居住设施。

4. 护理院(Care House)

护理院是《老人福利法》规定的社会福利设施，作为特定设施，还要符合《介护保险法》的规定。主要接收因身体机能衰退而无法独立生活，家庭照料又有困难的60岁以上的老人（如果是夫妇共同居住，一方超过60岁即可申请）。护理院由日本的地方自治体、社会福祉法人、医疗福祉法人、财团法人、社团法人以及农业协同组合创立经营。

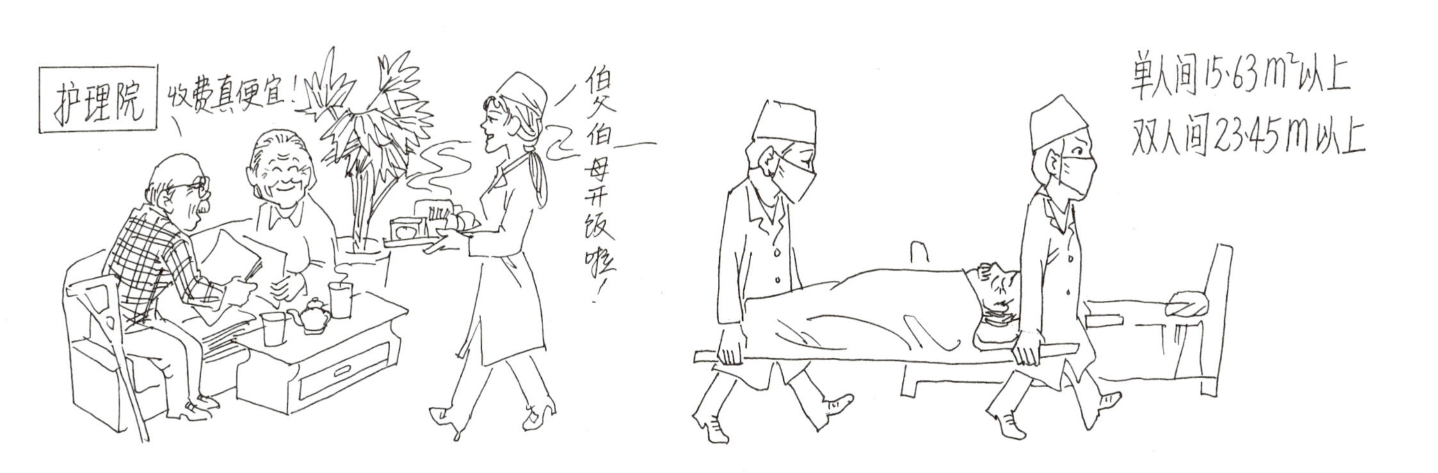

护理院属于老人居住设施，入住费用由个人负担，但相对的收费比较低，其中一部分可以申请由介护保险负担。

按照规定，带有小型厨房及洗脸间的单人房使用面积为21.6m^{2}以上，双人房（夫妇室）的使用面积在31.9m^{2}以上（包含洗脸间、厕所、储藏及小型厨房的面积）。2004年修改为单人间生活单元型后，单人间的净使用面积为15.63m^{2}以上，夫妇房的净面积在23.45m^{2}以上，老人居室内面积略有减小，但增加了谈话、娱乐、集会以及餐厅等共用活动空间。

根据介护保险的新规定，当入住者因身体状况需要特殊护理时，需到特定的设施接受介护服务，或者接受在宅介护服务（介护度在3度以下）（注2），也可以选择转到特别养护老人之家及全自费老人之家。

护理院的平均规模为每个床位40m^2，每个设施最低入住人数不少于20人，如果与特别养护老人之家并设， 10人以上即可开设。

5. 养护老人之家

养护老人之家只接收65岁以上，由于身体上、精神上、环境上或者经济上的理由居家生活有困难的老人，提供日常生活上必需的服务。养护老人之家的收费较低，与过去的收容型、救济型养老院比较接近。由日本的地方自治体和社会福祉法人经营。

养护老人之家的最低入住人数不少于50人，如果与特别养护老人之家并设， 则可以为20人。收费标准也比较低，还可以根据入住老人的支付能力降低费用，基本属于社会福利型。设施设备标准也比较低，每人的净使用面积以不低于3.3m^{2}为下限。

6. 生活援助小规模老人之家（Group Living）

这是一种与老人日间服务结合的小规模、多功能高龄者设施。以前称为“高龄者生活福祉中心”，1990年作为老龄设施整备的一环，着眼于为老人提供安心、健康、愉快、乐观的生活援助。1998年取消了对地域的限制，现在在全国各地均可设立。

规模大多比较小，建筑面积仅为200~1000m^2，床位一般为5~15床，多为10人左右25人以下（包含日间服务的人数），类似于社区内的“托老所”，60岁以上的老人都可以申请使用。

老人居室面积不低于18m^2，全部是单人间，设有洗脸间、厕所、储藏空间及小型厨房。公共空间包括谈话、集会、生活援助等，为周边居民提供交流和援助的场所。

7. 全自费收费老人之家

前述特别养护老人之家以及护理院等设施，在建设及运营中以补助金的名义，可以得到国家的补贴，运营主体为日本的地方自治体和社会福祉法人等非营利法人，入住对象是从低收入者到中间层上下的老人。由于投入了国家税金，所以在建设和运营中都有一些强制性规定，必须遵守。

而全自费老人之家没有国家的补助金，以具有社会信用的民间企业为经营主体，也可以由社会福祉法人或个人经营。入住对象虽然没有限制，但要支付高额入住费用，所以多为富裕阶层。

自20世纪90年代日本经济低迷以来，特别是2000年《介护保险法》的制度化，一部分费用可由介护保险支付，全自费老人之家逐渐普及并向大众化发展，入住对象从富裕阶层延伸至中间层上下，逐渐形成介护产业，这一部分老年人的消费市场成为众多商家争夺的目标。自1963年颁布《老人福利法》至2000年的37年间，全国建成大约330所全自费老人之家，而自2000年《介护保险法》实施后的3年之间，就新建、改建全自费老人之家约300所，现在全国共有全自费老人之家1000多所。其经营模式、建设规模、收费标准都有很大的差别。既有比较简易的、小规模的、不收入住押金的设施，也有高档的、大规模的、高收费的设施，有些设施的入住押金甚至高达数亿日元（相当于人民币几百万元）。也有将自有房产作为抵押入住的，可以长期居住，由全自费老人之家为其养老送终，也称为“终身使用权方式”（注3）。

按规定，有超过10人以上的老人入住，提供饮食等日常生活照料即可申请开设全自费老人之家。通常的设施为50人以上，以利于经营管理。

根据老人需要护理的程度，全自费老人之家又分为健康型、住宅型、介护专用型三种。

相对而言，全自费老人之家要更舒适、更注重服务质量，因此对有支付能力、追求生活质量的老年人更有吸引力，而公立的养老设施则侧重于承担一定的社会责任。

为规范管理，各地区有《全自费老人之家设置运营标准指导指针》作为制度，同时要符合《介护保险法》的相关规定。各地方、各类型的居住形态、入住要求、设置基准等等都不尽相同，这里不一一赘述了。

8. 认知症老人之家（Group Home）

这是以认知症（老年痴呆症）老人为对象的小规模生活场所，以5~9人（大多为9人）作为一个生活单元，入住者自行洗衣、打扫卫生、帮厨等，营造温馨的家庭氛围，达到安定病情和减轻家庭护理负担的目的。

可以想象为5~9人的大家族共同生活，起居室、餐厅、厨房必不可少。居室各自独立，可以是3人为一组布局。有一些共用的谈话、娱乐空间，卫浴可共用也可分组使用。

同时，还要根据认知症老人的特点，在空间和色彩上加以区分，设备设置要有所考虑。出入口的安全性也很重要，以避免老人擅自离开设施而找不到回家的路。

9. 面向高龄者的优良租赁住宅

根据高龄者的身体特性建设的住宅，具备相应的建筑方法、材料及设备，并实施紧急时的对应措施。以60岁以上的单身高龄者或高龄者夫妇为对象，规定每户的使用面积不得低于25m^2，每栋内不少于5户。

这是由日本都道府县认可的民间事业团体提供的租赁住宅。1996年的《老龄社会对策大纲》将其制度化，2001年4月《关于确保高龄者居住安定的法律》又将其法制化。

另外，上述的1～8项设施均由厚生劳动省管辖，而只有第9项是国土交通省的法律规定的。

除了共同住宅的形式之外，近年也常以集合住宅的形式出现。入住者必须由各地方自治体的所辖机关公开招募，有相应的高龄者对应设备的补助制度以及低收入者房租补助。另外，根据介护保险法，还可以提供“在宅介护服务”或者“认知症对应型共同生活介护服务”。

图3-7的横轴表示护理必要性的高低，而纵轴表示入住费用的高低。从图中不难看出，

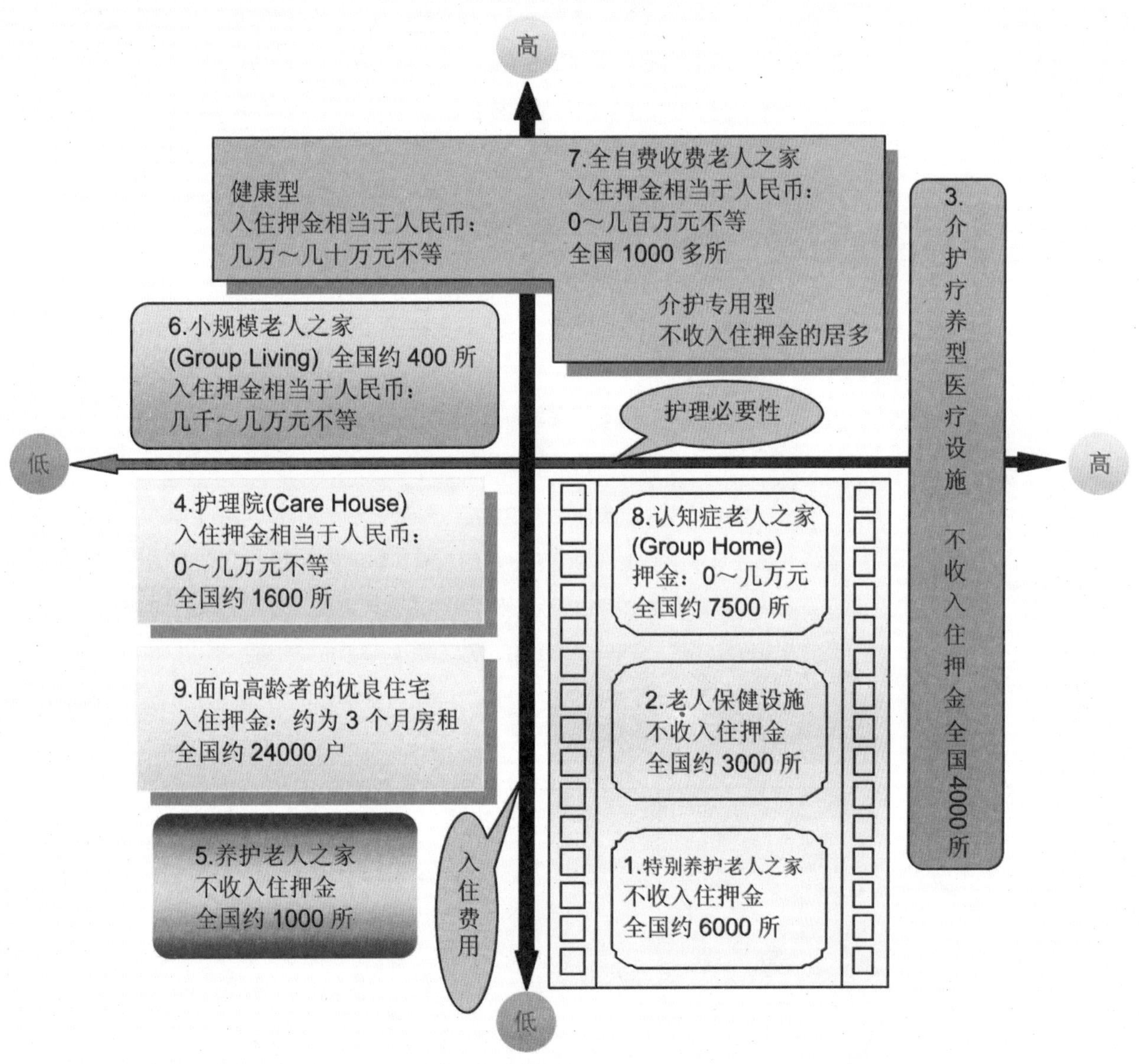

资料来源：根据2005年12月11日《日本经济新闻》.翻译并补充绘制。

图3–7　日本养老居住设施及入住时的费用

护理必要性最高的是第3项介护疗养型医疗设施，而收费最高的是第7项全自费老人之家。养护老人之家作为收容型、救济型养老院，其护理必要性和收费都是最低的，由于其设施老旧、标准低，目前已逐渐减少或被更新改造。

图3-8从另一个角度更清晰地表示了日本高龄者设施的定位情况。把生活服务机能与医疗机能、民营与国有设施加以区别。同时，根据高龄者的身体状况，明确了各设施中需要援助及治疗护理的程度。

下面选择日本及欧美老年人居住设施、老年住宅的典型案例，简单介绍一下。

3.4 典型案例介绍

案例1 —— 日本社会福祉法人洗心福祉会的“丰寿园”

这是位于日本三重县的大型地域综合福祉中心。

三重县位于日本近畿地方，居大阪与名古屋之间。其南北约170公里，东西约80公里，在靠近日本中心地带的纪伊半岛的东端，临伊势湾和太平洋沿岸，呈南北细长走向。全县地形富于变化，由山地、平原和沿海地区组成，海岸线长达1000多公里。三重县的总面积5761平方公里，人口约186万人。下辖13个市47町9村。

三重县的四日市于1980年10月与天津市结为友好城市，其首府津市也于1984年6月与

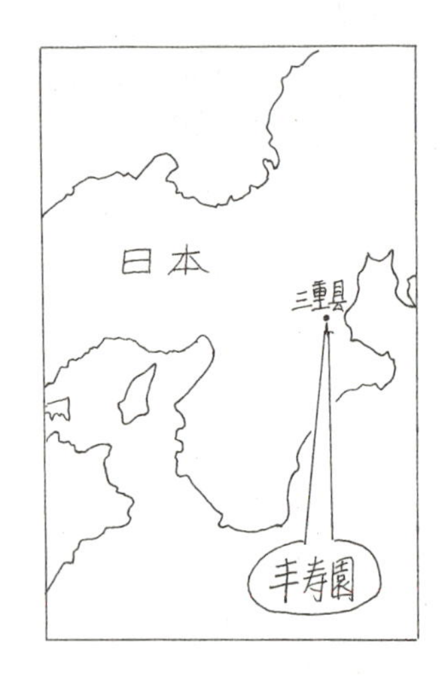

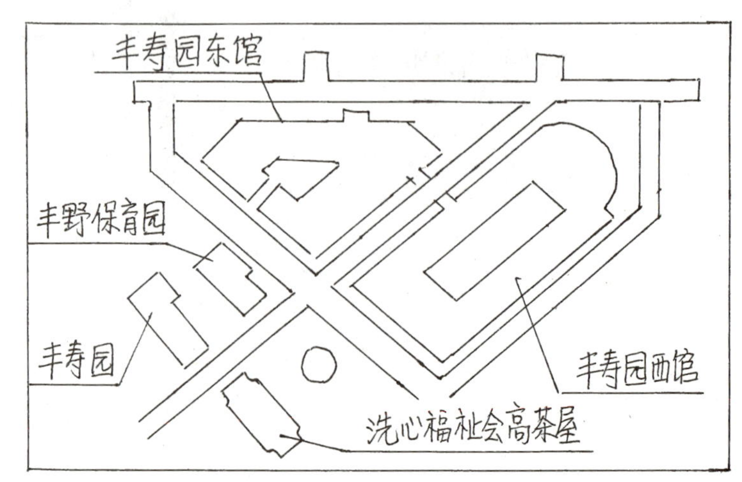

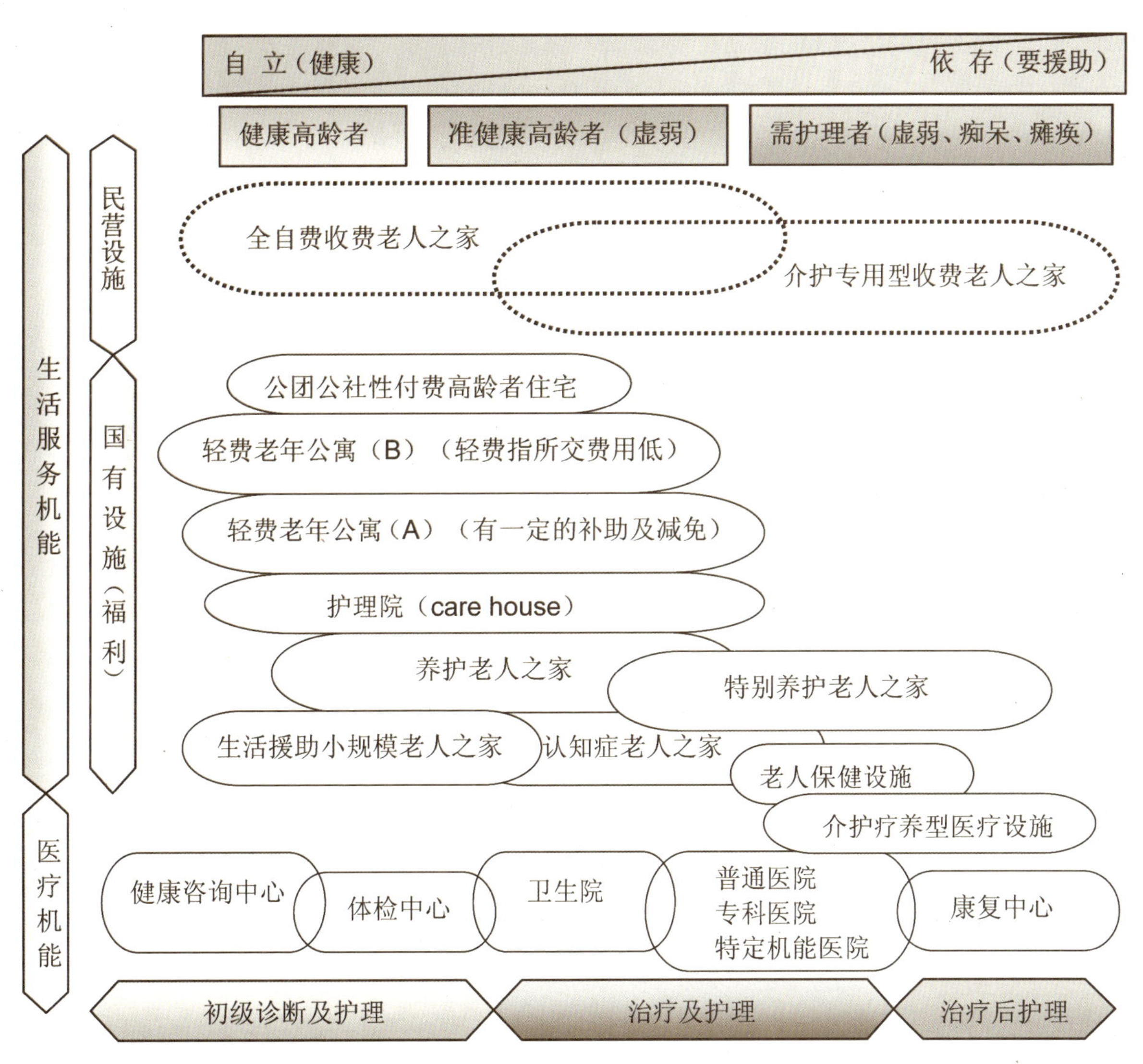

资料来源：建筑计画设计シリーズ高龄者施设P20. 翻译并补充绘制。

图3–8　日本高龄者设施的定位

江苏省镇江市结为友好城市。津市位于三重县中央，面积101平方公里，人口约16万，是日本中部和近畿两大城市群的重要连接点。

三重县自然风光秀丽，既有白雪皑皑的群山，又有热带植物丛生的海滨，还拥有像伊势神宫、忍者发祥地、徘圣松尾芭蕉的诞生地等诸多历史文化遗迹，并以天然海景、珍珠、伊势龙虾、松阪牛、伊势茶、牡蛎、鲍鱼等天然美景美食闻名遐迩。

社会福祉法人洗心福祉会的总部就设在三重县首府津市。自1978年创立以来，已经有30年的历史，是日本从1970年进入老龄社会后不断调整尝试的见证。

其旗下有从保育园到特别养护老人之家、养护老人之家、老人保健设施、生活援助小规模老人之家、介护疗养型医疗设施、护理院、认知症老人之家等各种类型养老福祉设施72所。除了津市，还延伸至三重县的志摩市、松阪市、伊势市。社会福祉法人洗心福祉会现有工作人员600多名，采用多种方式及途径照顾着3000多名老人，是三重县最具规模的养老福祉机构之一。

2006年8月，由社会福祉法人洗心福祉会理事长山田夫妇及伊藤夫妇亲自驾车，酷暑中陪同我们参观了洗心福祉会的二十多所养老设施。2009年2月，为了本书的出版，再次拜访并补拍了一些图片，在此深表谢意。

下面是几组在洗心福祉会“丰寿园”的各种类型养老福祉设施及保育园内拍摄的照片。

图3－9　洗心福祉会的各设施外观（注12）

图 3-10-1：在咖啡吧小憩的老人。完全开敞的空间，温馨舒适，令人安心、安详、心平气和。

图 3-10-2：大餐厅，另辟一处吸烟区，也可接待来访的客人。

图 3-10-3：大餐厅另一侧，设有轮椅可进入的洗手盆，方便卫生。

图 3-10-4：配膳中心的大厨房，同时为几所相互连通的设施提供老人餐。根据老人身体状况和营养需求提供不同种类的膳食。

图 3-10-5：诊疗所的接待挂号厅。木结构建筑，色彩柔和亲切，为设施内老人及周边居民提供医疗服务。

图 3-10-6：认知症老人之家的起居室。9位老人居住，营造温馨的家庭气氛。

图 3-10-7：认知症老人之家紧邻保育园，老人在起居室及餐厅里就可以看到在院子里活动的孩子们，对于认知症老人来说，没有比看到孩子们天真的笑脸最开心的事了。孩子们也在老人们的关爱中得到很多收获，宜于健康成长。

图 3-10-8：从认知症老人之家的餐厅看到的保育园和开敞式厨房。

图 3-10-9：洗心福祉会共有三所保育园，都是舒适的木结构单层建筑。为福祉会员工的子女及周边住民提供了很大的帮助。

图 3-10-10：认知症老人之家的卧室入口。为了认知症老人易于辨认，每个门上都有特殊的标记，家具等也可以自备。

图 3-10-11：木结构日间护理中心的天窗。注意节能和环保。

图 3-10-12：木结构日间护理中心内部，明亮舒适，空间紧凑。

图 3-10-13：小餐厅一角。注意光线与色彩搭配。

图 3-10-14：电梯的候梯厅

图 3-10-15：志摩特别养护老人之家的共享大厅。模仿豪华游轮的设计，丰富空间，增添情趣。(注12)

图 3-10-16：共用活动空间。(注12)

图 3-10-17：生活单元内宽敞明亮的走廊，采用太阳能发电等节能技术。(注12)

图 3-10-18：老人居室内，设有卫生间、洗手盆及小型厨房。色彩以暖色调为主，温馨淡雅，又有家庭氛围。(注12)

图 3-10-19：康复训练厅，帮助老人身体机能恢复。

图 3-10-20：康复训练厅，可以集中也可以分散设置。

图 3-10-21：护理站及办公空间。正对电梯厅，便于管理。透明的花玻璃，既美观又实用。

图 3-10-22：电梯候梯厅，异型窗配以花玻璃，与外部庭院的对视，增添了无穷乐趣。

图 3-10-23：介护服务中心管理室，虽略显凌乱，但效率很高，十几个人管理着庞大的养老机构。

图 3-10-24：日式茶室。这是日本老人特殊的生活需求，是具有多功能的生活空间。

图 3-10-25：福祉会经常组织老人和孩子们互动的活动，一起做游戏、演出、绘画、手工制作以及日本各种传统的节日及聚会活动。

图 3-10-26：保育园里露天的嬉水池。孩子们夏季在午睡前后各班轮流来水中游嬉。

图 3-10-27：木结构设施带天窗的走廊非常明亮、舒适、宜人。为解决节能问题，天窗下部设有电动遮蔽装置，以避免冬季散热及夏季冷气的损耗。木梁上悬挂的都是老人们手工制作的作品。

图 3-10-28：老人房里的卫生间，采用自动翻盖、自动冲洗马桶，为男性老人设置了自动冲洗小便池。洗手盆的下部考虑轮椅进入的空间。(注12)

日本人素有泡温泉的习惯。对于老年人来说，定期的洗浴能起到很好的舒缓、放松的作用，促进血液循环。所以日本的各个老年设施都设有洗浴场，特别注重洗浴的设计和使用。这里把大洗浴场的照片集中起来，特别介绍说明一下。

图3-10-29至图3-10-31是大洗浴场内。老人可以坐在（图3-10-29）特制的耐水轮椅中，由护理人员从侧面的坡道（图3-10-30）进入大浴池内。还有因身体状况不便入浴者，可以坐在舒适的折叠坐椅中，享受淋浴和水按摩（图3-10-31）。对于身体不自由的老人来说，定期的洗浴能起到很好的舒缓、放松的作用。

图3-10-34至图3-10-37四张照片是介护服务中心非常受欢迎的、特别的“露天洗浴场”。在室外绿荫环绕的环境中，在特制的陶制大浴盆中泡个温泉，真是身心的享受。

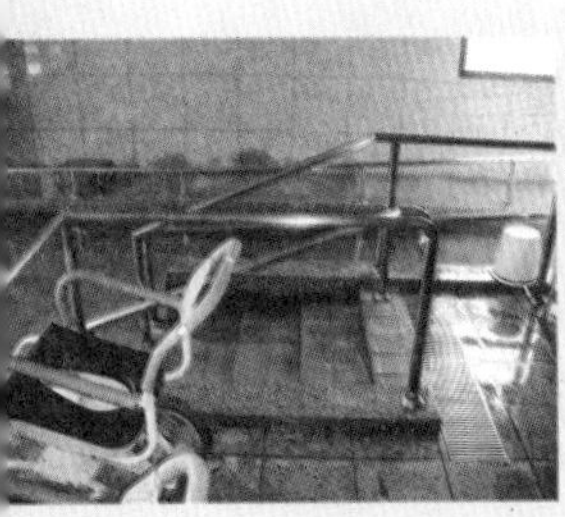

图 3-10-29：大洗浴场内。老人可以坐在特制的耐水轮椅中，由护理人员从侧面的坡道进入大浴池内。

图 3-10-30：侧面进入大浴池内的坡道。

图 3-10-31：因身体状况不便入浴者，可以坐在舒适的折叠坐椅中，享受淋浴和水按摩。

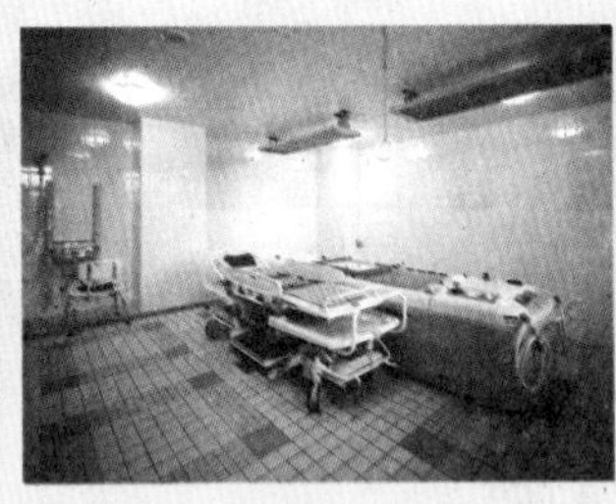

图 3-10-32：机械辅助洗浴设备。可以直接将轮椅推入。(注12)

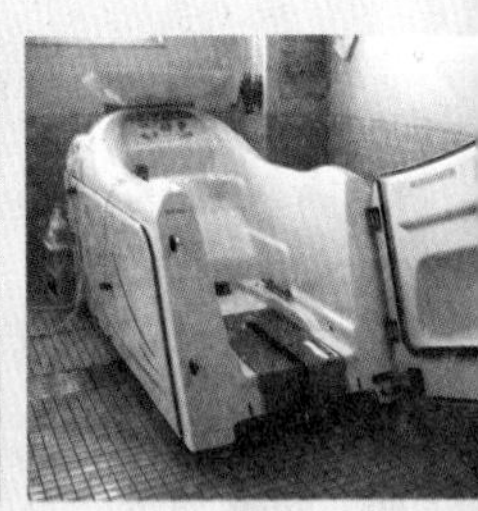

图 3-10-33：机械洗浴设备室。完全不能自理的老人可以躺在担架上入浴。

图 3-10-34：这是介护服务中心非常受欢迎的、特别的「露天風呂」（露天洗浴场）。在室外绿荫环绕的环境中、在特制的陶制大浴盆中泡个温泉，真是身心的享受。

图 3-10-35：三重县的气候温暖，即使是冬天，在午后温暖的阳光照射下，也可以来个露天浴。

图 3-10-36：这是专门泡脚的陶制池子。

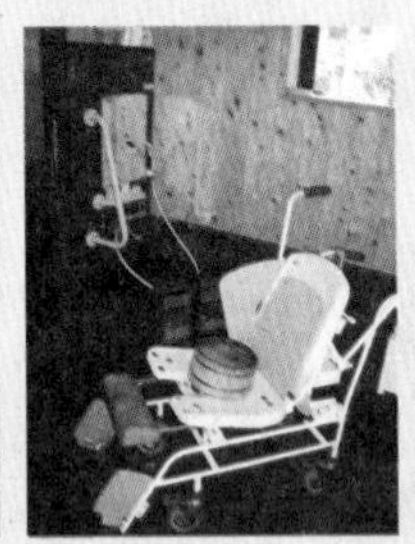

图 3-10-37：在露天泡过之后，再回到房间里冲一下，神清气爽地度过一天。不住在养老设施里的老人，也有专门预约来泡露天温泉的。

图 3-10-38：洗心福祉会不仅尝试使用节能环保设备，近年新建的设施，还大多采用免震装置。这个老人保健设施中，使用了12台铅棒减震器和16台钢棒减震器，还有44台积层橡胶缓冲体，保护12000吨重的建筑物免受地震的侵害，让居住其中的老人更加安全、安心。

案例2——日本福冈县中间市「中间ウエルパ-クヒルズ(WEPARKHILLS)」

福冈县位于日本列岛西部、日本第三大岛九州的北部。中间市与北九州市八幡西区相邻，人口约5万人，是一个高龄化率为22.6%的卫星城（Bed Town）。

「中间ウエルパークヒルズ(WEPARKHILLS)」是一个历时15年逐步完成的医疗福祉综合设施，始策划于1982年。与案例一不同的，它是由医疗法人“秋樱会”筹划，首先建设的新中间医院于1988年开诊。以后历时15年建设了特别养护老人之家、自费老年公寓、老人保健设施等以高龄者为主体的医疗福祉综合设施。2003年1月位于用地中心部位的21层塔楼（上部为全自费老人之家、下部为护理院）全部完成交付使用。

其运营分别由医疗法人“秋樱会”、社会福祉法人“西日本至福会”以及第三sector担当。

设施概要：占地面积约20万平方米，总建筑面积约30万平方米（其中21层塔楼及其附属栋约14万平方米）。

其中包含的设施及各种功能用途涵盖了高龄者设施的大部分内容，现罗列如下：

新中间医院、新中间医院康复中心，在宅介护支援中心、在宅介护服务中心、昼日服务中心，福祉用具展示商店、地域介护实习普及中心，宫口口腔医院，护理院、自费老年公寓、老人保健设施、特别养护老年之家，面向高龄者的生活辅助住宅，24小时便利店、生鲜食品超市，文化中心、药店、花店、银行，立体停车场、屋顶停机坪、顶层餐厅，九州电力变电所（此复合设施专用变电所），入住者专用菜园，运动健身俱乐部，天然温泉中间市地域

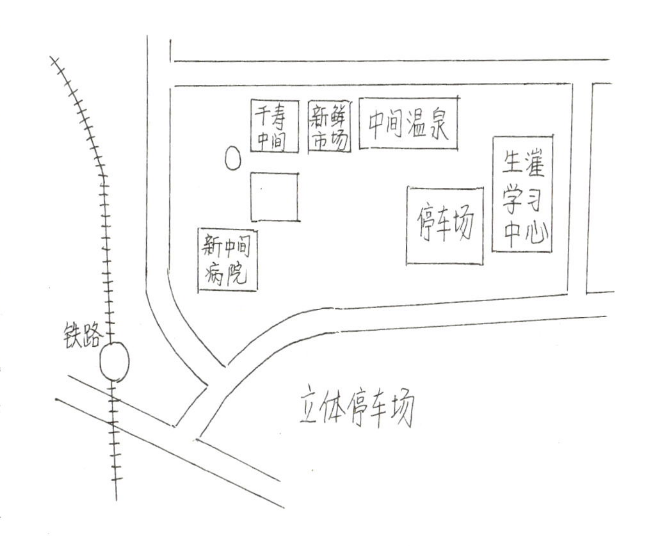

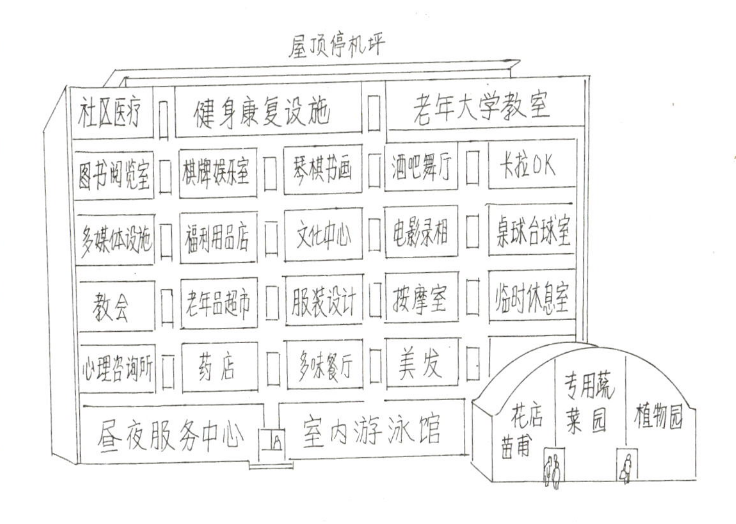

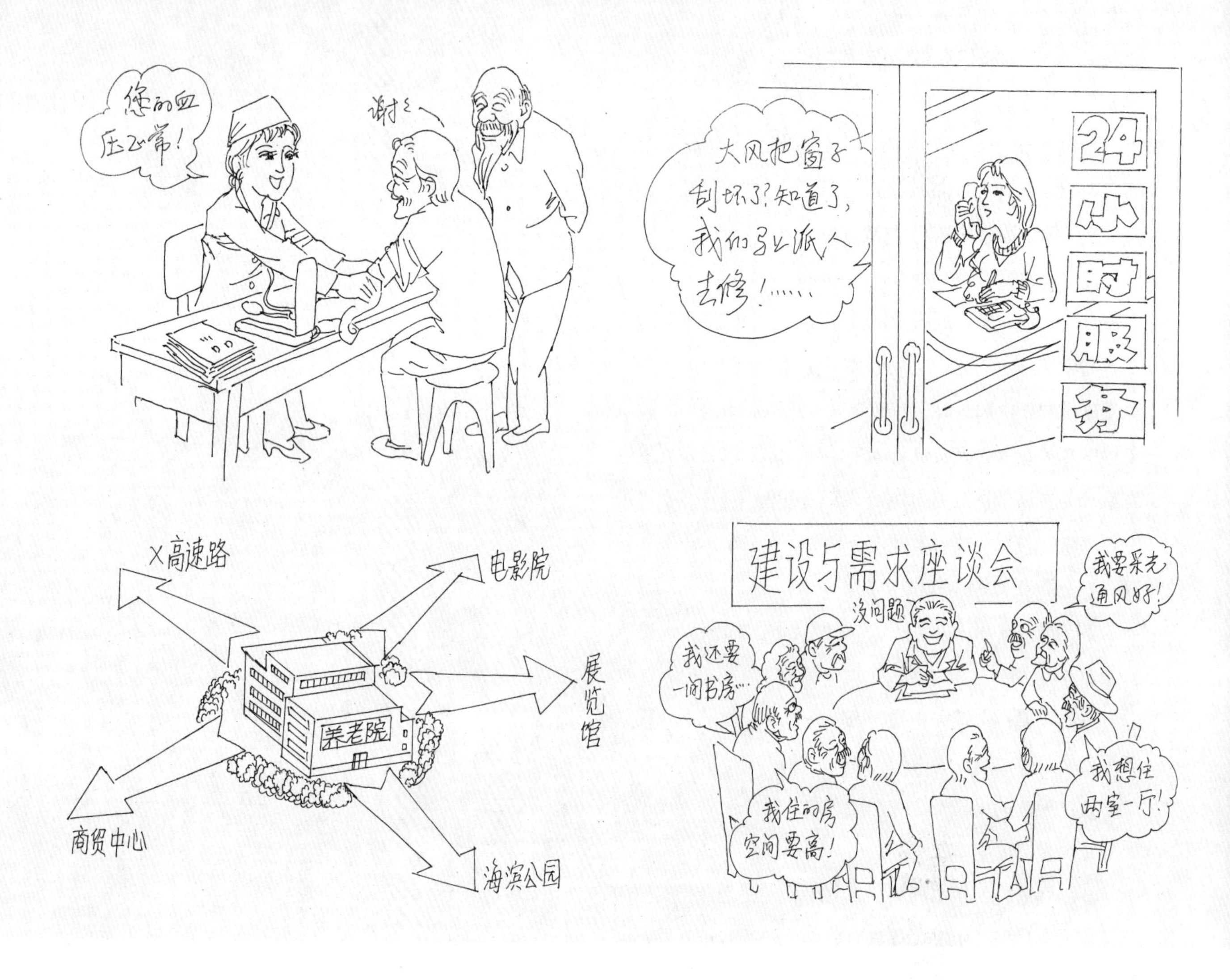

综合福祉会馆、中间勤劳者综合福祉中心等。

以此设施为中心，周边的街道、商店、直至车站，都实现了无障碍设计，居住其中的老人可以安全、安心地安享晚年。

在策划及设计建设中制定了五个方针：充分尊重个人意见、保护个人隐私，持续性关照，注重与周边地域的交流，提高照料及护理的质量，考虑生态及地球环境影响。

案例3 —— 美国太阳城中心（Sun City Center）

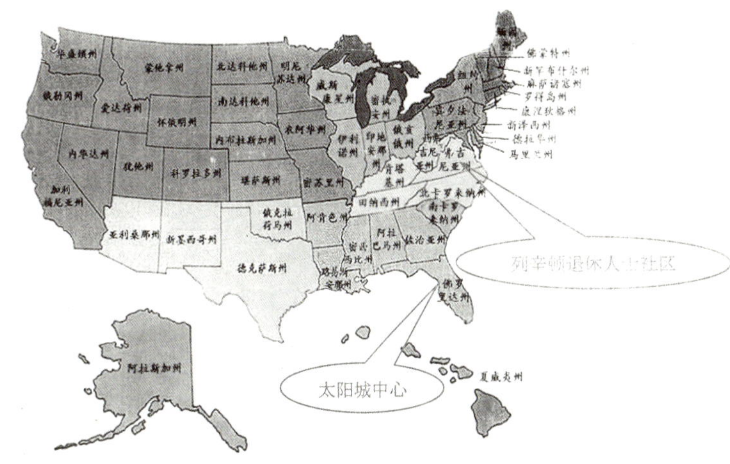

在美国众多以居家养老和房产开发为一体的项目中，佛罗里达州西海岸坦帕市（Tampa）的“太阳城中心”是最知名的退休社区之一。近年来国内开发商在引进老年公寓这一产品和理念的同时，也不约而同地直接借用了“太阳城”这一概念，如北京的“太阳城国际老年公寓”和“东方太阳城”，以及目标客户面向上海老年市场的嘉兴“江南太阳城”等。

坦帕市市区面积218平方公里，人口28万(1990年)，临坦帕湾，外连墨西哥湾。

太阳城中心距离佛罗里达州最好的海滩墨西哥海湾只有几分钟的车程。社区总面积为33.2平方公里。太阳城中心于1961年开始开发建设，自建设之初就将其规划成佛罗里达州乃至全美国最主要的退休社区。

由于太阳城中心已经成为很多退休人员向往的地方，因此社区对入住居民的年龄有严格的限制。社区要求每户家庭至少有一个成员在55岁以上，并且每户家庭中不能有18岁以下的人口每年居住在社区超过30天，除非得到联邦住宅法的特殊许可。社区内禁止饲养宠物，整个社区的大部分区域都不允许设置晾衣绳、篱笆和天线等。

根据美国2000年的人口统计，该社区共有10500个住宅单元，总人口近20000人。社区中0.4%是18岁以下居民，0.2%为18～24岁，1.3%为25～44岁，15.1%为45～64岁，83%为65岁及以上人口，平均年龄为75岁。社区中家庭的平均收入约为3.8万美元，合住家庭（非婚姻和血缘关系而合住在同一住处）的平均收入约为4.8万美元。

太阳城中心的开发进行了专门的规划设计，可为退休人员提供各种房屋选择。社区里大多数是独栋住宅（Single Family Dwellings），但也有双户公寓（Duplexes Townhouse）和多家庭公寓。社区拥有自己的医院和老年护理中心，白天可以在社区宽阔的棕榈树街道上驾驶高尔夫车，大多数购物场所都有专门为高尔夫车提供的停车场。社区里拥有几个高尔夫球场，大约有20多种服务各种业余爱好的商店，在主要的俱乐部区还有一个室外游泳池和两个室内游泳池。社区里有各种俱乐部，几乎包括所有你能想到的项目，如业余无线电、计算机、缝纫、卡片收藏、投资和舞蹈等，社区里每个人都可以找到自己喜爱的活动。

社区环境是建筑师最优先考虑的元素，这里的环境视野开阔、安静优美。社区内设计建造了多种居住组团和各式各样的户型，以适应不同类型老人的需求。社区住宅以低层建筑为主，连体别墅住宅的价位从每套9万美元到20万美元不等。

社区从设计上专为老年人考虑，**十分注重细节设计。**

小区内铺设无障碍步行道及无障碍防滑坡道；入口台阶和楼梯特别设计成适合老年人体能的形式，坡度放缓、宽度加大，并在两侧设置扶手。居室房门都适当放宽尺度，以便于轮椅进出，满足护理需求；也要让担架能够方便进出，保证急救需要；并且不设置门槛，无高度差。居室内的灯具开关和按键位置降低，插座位置升高，增加使用的便利性。卫生间和浴室均安装扶手，洁具的色彩以淡色为佳，不仅在视觉上给人以干净的感觉，还有利于及时观察和发现老人排泄物中的病兆。与此同时，设计师还特

别强调了社区内的空间导向性，通过制造楼宇外观与外部环境的差异来提高住宅的识别性，对方位感、交通的安全性、道路的可达性均有适当的处理，并实行严格的人车分流。设计者通过制造楼宇外观及外部环境的差异来提高住宅识别性。

社区内配置了齐全的公共服务设施，包括室内和室外游泳池、网球和推圆盘游戏场、草地保龄球、健身和娱乐中心、会议室，以及一个1万平方英尺的剧场。每人每年享用综合会所的费用为140美元。另外，大约有1/3的社区居民是活跃的高尔夫球爱好者，每人每年的费用大约为1500美元。同时，每年的全美草地保龄球锦标赛也在这里举行。在太阳城中心，还有许多对社区所有成员开放的娱乐性和社会性活动。积极活跃的社区生活，使老人们能够建立密切的联系和多方交流。

案例4 —— 美国列辛顿退休人士社区之堪达尔

在美国像太阳城这样的老年社区还有很多，且各具特色。

位于美国东部大西洋沿岸的弗吉尼亚州 (Virginia -- VA) 列辛顿 (Lexington) 退休人士社区之堪达尔就是另一个比较典型的案例（注4）。

列辛顿退休人士社区之堪达尔的占地约35公顷，在兰基山脉脚下，其总平面布局考虑了最大限度地利用山岭与溪谷的景观。

一期工程包括：能独立生活的42个公寓单元和30个村舍/别墅式单元，24个有辅助生活服务的单元，和一座位置适中的社区中心。社区中心内含一个正规的和一个非正规的餐厅、健身中心、图书室，以及朝向园地绿化和远处山景的社区交谊室。

二期工程建设更多的公寓、别墅，以及一个有护理服务的部分。社区中心面积将加倍，并将与该处具有历史意义的老宅直接相通，后者也将成为社区中心功能的组成部分。

规划设计中突出体现了以下几个特点：

1. 分期建设，持续关怀

一期工程面向健康自立的老人，同时配以有辅助生活服务的单元及社区中心。二期工程将建设有护理服务的单元，保证入住其中的老人随身体机能衰退得到相应的服务和关照。

2. 创设无障碍步行网络

提供了在冈峦起伏地形里步行小径无障碍通行的便利。强烈的社区相互交流理念，反映在整个场地是以步行甬道相连通，使入住者便于进行交谊活动。步行甬道通达社区中心以及每一座村舍式单元和公寓的入口。

3. 将社区内建筑物相联系

村舍式住宅的设计里采用有顶盖的廊道相互连接起来，并使之成为园地景观的组成因素。同时，也方便居住其中的老人相互交流。

4. 重视场地的历史意义及原有住宅

入口车道先以原有历史意义的老宅作为对景，然后折向新社区入口。

5. 总平面规划中考虑扩建及景观

总平面设计要使每一期建设都能保持前一期的完整性。同时，扩建时不影响前一期的居住和使用。规划设计中力求使每一个居住单元都能最大限度地具有良好的视野和景观。

在美国，人们不把老年人称作夕阳，而是叫做太阳。居住在这样的老年社区内对老人的身心健康非常有益，据说，老年社区中的老年人比美国人口的平均寿命高出10岁。在这里，体现的是一种生活，一种不依赖、不孤独、不满足温饱型的老年生活，充实、温馨而健康。

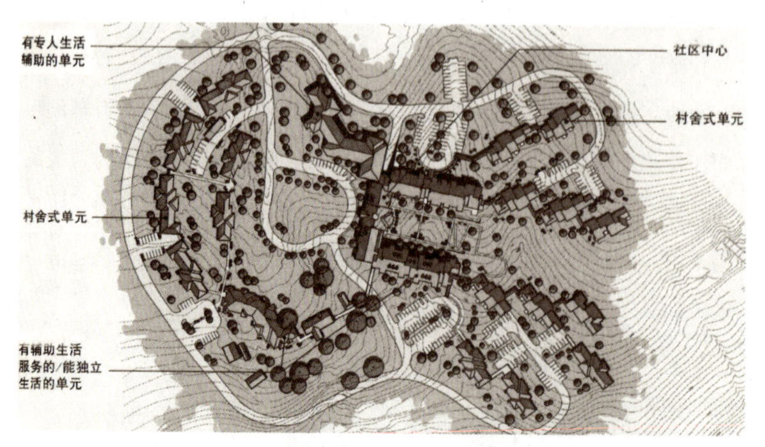

图3-11　列辛顿退休人士社区之堪达尔总平面图

资料来源：老年公寓和养老院设计指南，美国建筑师学会编，中国建筑工业出版社2004年出版。

案例5——德国奥古新诺（AUGUSTINUM）连锁养老设施

奥古新诺的总部在德国慕尼黑。1962年奥古新诺建立了第一家居住式养老院，目前在德国已经有21家连锁养老设施，有近8000名老人在奥古新诺安度晚年。奥古新诺还在慕尼黑等20多个城市连锁经营，入住对象是月收入1000欧元、处于中等收入水平的老人。

通过为老人设置各种活动场所，组织居住其中的老人参加丰富多彩的活动。老人们可以在训练有素的工作人员的协助下，培养和发展自己的各项爱好，如手工、绘画、乐器、桥牌和烹调等，残障老人有专人陪护参加活动，人们通过参加活动集聚在一起。奥古新诺还为入住的老人安排各种讲座、音乐会、剧目表演和时装表演，以及大大小小节日的庆祝活动。老人外出时可以步行也可以搭乘养老设施提供的购物车。所有这些设施和服务，目的是要使老人感到养老设施是社会的一部分，自己是社会的一员，老人院的生活与社会的大生活融合无间。住在奥古新诺养老设施里的老人们非常自尊、平静、愉悦地安享晚年。

下面选择位于慕尼黑市郊的AUGUSTINUM STIFTUNG和AUGUSTINUM SIMEONSKAPELLE两处奥古新诺养老设施，简单介绍如下。

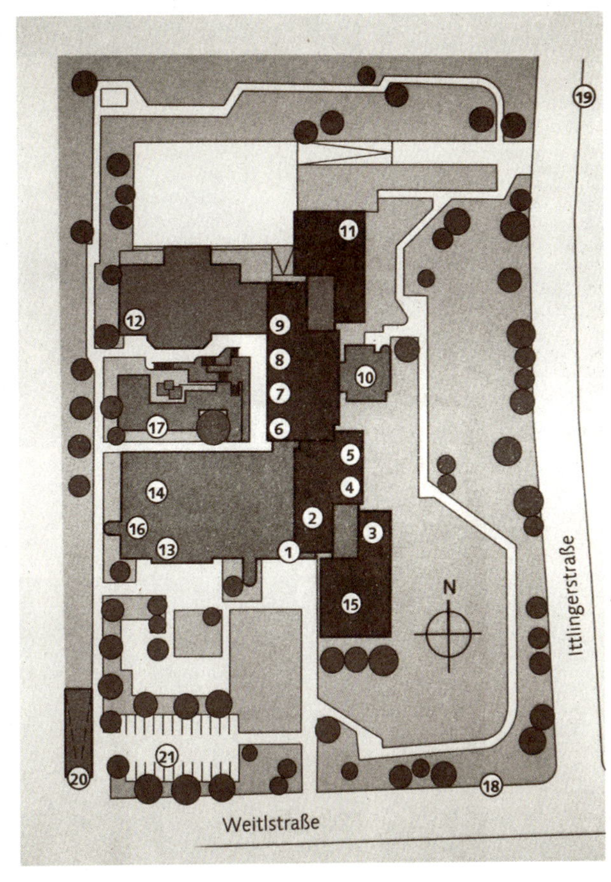

图例：
一层
1 前台接待
2 大厅
3 理发室
4 小卖部
5 银行
6 图书馆 / 阅览室
7 会议室
8 俱乐部
9 犀牛厅（会客室）
10 西蒙礼拜堂
11 医务室
12 餐厅
13 基金会咖啡厅
14 基金会剧院
15 物业管理、
地下层
16 游泳池、理疗室、
周边
17 水井庭院
18 公共汽车站
19 去往地铁站
20 去往地下停车库
21 地面停车场
二层以上为老人居室

图 3–12　奥古新诺AUGUSTINUM STIFTUNG养老设施总平面

图 3-13-1：奥古新诺AUGUSTINUM STIFTUNG入口处标识

图 3-13-2：内部连通的弧形走廊

图 3-13-3：主入口

图 3-13-4：庭园

图 3-13-5：从连通走廊看到的庭园

图 3-13-6：休息等候厅

图 3-13-7：奥古新诺AUGUSTINUM SIMEONSKAPELLE入口处标识，没有围墙的开敞入口

图 3-13-8：大厅内部标识

图 3-13-9：为入住老人提供的小型商务空间

图 3-11-10：教堂内部。教堂入口的名簿中记载着每一位在养老设施里过世老人的姓名和离世时刻，生活在这里的老人非常平和、安详，以豁达从容地态度对待生老病死

图 3-13-11：大厅内部

图 3-13-12：大厅休息区

图 3-13-13：老人居住建筑

图 3-13-14：设施内的西蒙礼拜堂

图 3-13-15：养老设施内设有扶手和坐凳的电梯轿厢

图 3-13-16：电梯厅外侧的吸烟区

图 3-13-17：老人居室入口

图 3-13-18：养老设施的走廊

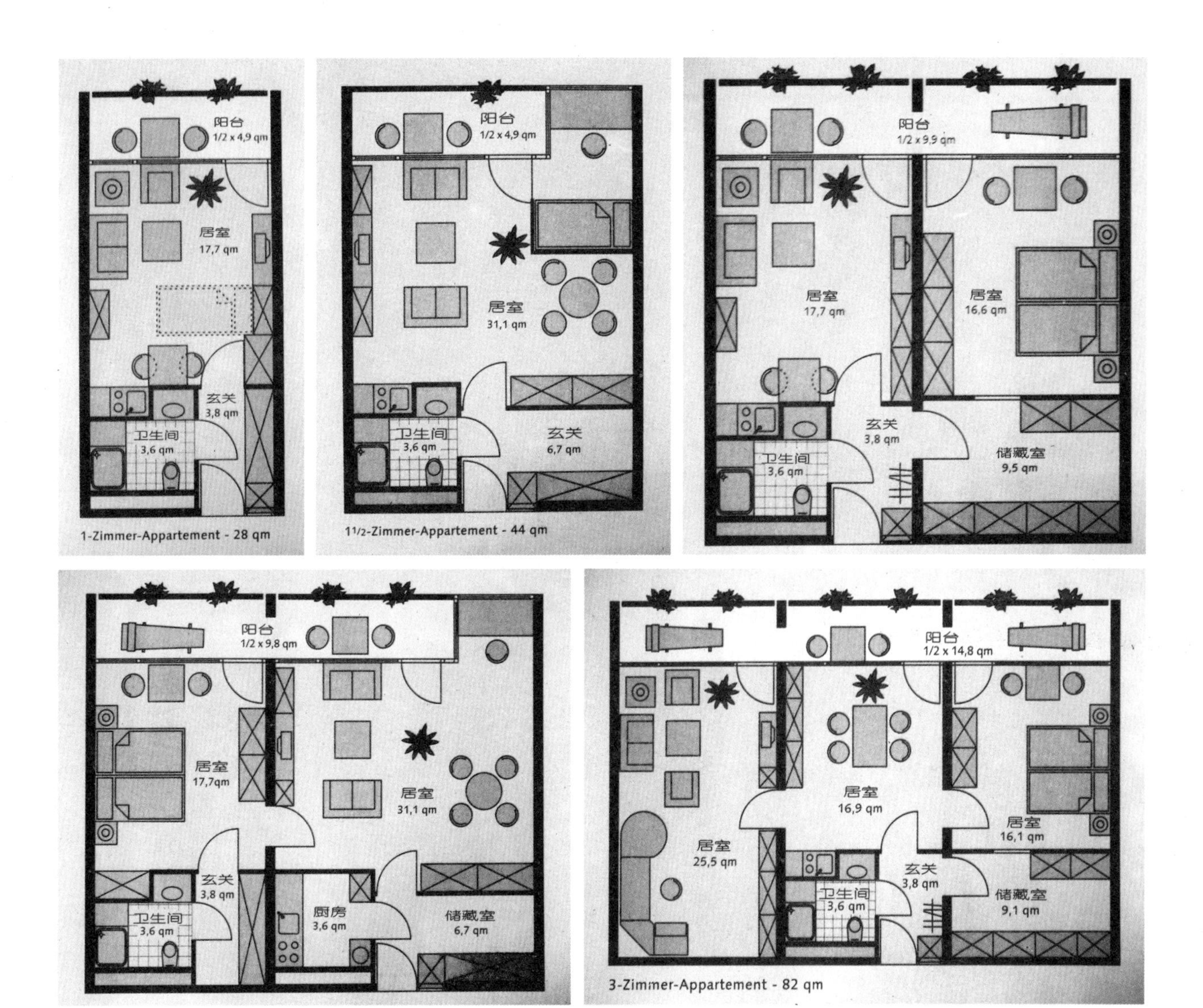

图 3–14　奥古新诺AUGUSTINUM老人居室平面图

老人居室平面按面积大小分为5种户型。1开间的单人间建筑面积28m^2，1.5开间为44m^2，2开间为56m^2，2.5开间为72m^2，最大为3开间，建筑面积82m^2。每套房间均设有小型厨房、卫生间、储藏空间以及阳台。

第 4 章
中国城市养老现状及需求调查

第4章　中国城市养老现状及需求调查

4.1 中国城市老年公寓及养老院的现状

我国人口的老龄化是一个越来越紧迫的课题。这种趋势不仅使家庭结构发生着变化，也迫使我们面临着一场无声的革命。2009年是我国进入老龄化社会10周年，也是新中国成立60周年，随着新中国的同龄人步入老年，我国将出现第一次老年人口增长高峰。在“未富先老”和家庭保障功能持续弱化的背景下，人口加速老龄化时代的到来，意味着老年人的生活保障，正在由家庭问题转变成社会问题，它对社会、经济、政治、文化、心理和精神等各方面都会产生深刻的影响。妥善处理人口老龄化问题，关心老年人的需求，加快发展养老服务业，是贯彻落实科学发展观、坚持以人为本、建设和谐社会的具体体现。

养老服务业是为老年人提供生活照顾和护理服务，满足老年人特殊的生活需求和精神需求的服务行业。发展养老服务业是当前解决老年人生活中的实际问题、保持家庭关系和睦稳定、促进老年群体与其他群体和谐相处以及构建社会主义和谐社会的重要内容。而从现状上看，随着老年人口的持续增长，现有养老机构与社会需求还存在着较大差距。

据不完全统计，截至2005年底，我国共有各类养老服务机构39550家，养老床位达到149.7万张，收养老年人 1,102,900名。这组数字显示我国平均每千名老年人占有养老床位刚刚超过10张，与发达国家平均每千名老年人占有养老床位数50～70张的水平相距甚远。这种状况难以满足庞大老年人群，特别是迅速增长的“空巢”、高龄和病弱老年人的服务需求。而在所有这些养老机构中，低档标准的养老机构占养老机构总数的80%左右，中档占10%左右，高档和豪华的养老机构占10%左右。其中最受老年人青睐的是中档养老机构，现状市场供不应求。目前这种为老服务业发展的严重滞后状况，为社会力量介入这一行业提供了大好机会和广阔空间。

此外，我国目前各级各类养老机构使用的名称比较混乱，服务定位也不尽合理。这些名称如老年公寓、养老院、敬老院、社会福利院、护理院、疗养院等，并未准确反映其服务对象和服务范围。例如，有的老年公寓内部的设施设计，并不适合健康自立的老年人居住生活，却招收了大量的健康老人；有的老年公寓安排自理老人和不能自理老人共同居住，非常影响前者的精神状态。这种状况亟待改进，应对养老市场进行规范化、标准化、系列化管理，并逐渐形成养护梯次，全方位管理。

按一般意义的理解，普通老年公寓是提供给健康状况良好、生活基本自理的老年人居住的场所。老年人或是分散独立居住，或是集中独立居住，同时还能得到基本的生活服务和医疗保健、娱乐健身等服务。除此之外，随着老人身体机能衰退，需要有提供护理服务的老年公寓，特别是要考虑生活不能自理老人的生活和照料，这需要从建筑规划到单体设计上综合考虑。参见附录一《老年人建筑设计规范》及附录二《城镇老年人设施规划规范》的规定和要求。

在我们调研、策划及设计咨询的过程中，还发现目前城市老年公寓和养老院规划设计中存在着一些误区。

误区一：很多人（包括少部分官员和权威机构的研究人员）计算老年设施及床位的方法有一定问题，很容易产生误导。

比如说，目前北京市城乡养老机构拥有的床位数仅占全市老年人的0.6%左右，远远不能满足10%老年人的实际需求。就全国而言，现有约4万所养老院，加上社会兴办的老年机构，现收养老人不足100万人，还不到目前全国1.4亿老年人口的1%。按老年人口数统计，还需要700万张床位等等。这样的计算方法缺乏说服力。

目前国内更缺乏的是高水准、高品位的老年居住设施和护理型的养老设施，不能简单地按照老年人口数推算床位而盲目兴建。这10%老年人的比例也有待斟酌和细化，要按照老年人的健康状况、经济状况、家庭状况细致划分，按照不同的需求建设。

误区二：现状所谓高档的国际养老机构，多是在公共区域投资，豪华但不舒适，房间内更像是宾馆，没有家的归属感和温馨感。有些还存在着安全隐患。

目前国内高水准的老年产业项目还不多，服务和产品单一，层次也不高，主要在衣食、居住和医疗卫生方面提供服务，针对老年人文化娱乐和精神享受内容的比较少，而且缺少高科技产品和高质量的品牌产品。其实，无论是老人还是年轻人，在宾馆酒店久住都会感到不舒服，何况老年人更加敏感，需要细致入微的关怀，高水准并不意味着高档豪华，这也是目前普遍存在的一大误区。

误区三：打着养老项目的旗号廉价拿地，没有作深入的研究，项目缺乏执行力和可操作性。

有一些在建或已竣工的项目，与一般的住宅小区没有任何区别，做规划时可能有一些关于养老及老年人居住的考虑，但结果并不佳。现在一些地方出现的名为“老年公寓、老年社区”的住宅小区，多是在原有开发住宅的基础上，用此概念进行销售；而且规模小、品质层次较低、配套设施不齐全。从小区规划、户型设计到相关配套基础设施，都与实际意义的老年公寓不可同日而语。

误区四：简单地把老年项目归为慈善事业，盲目地以募集善款、慈善救助作为老年项目的主导，致使项目无法顺利进行。应该明确的是，福利型、救济型养老院只是老年项目的一类，更大的市场和服务对象应在于普通家庭的老年人。需要打破过去福利型、救济型养老院的概念，根据老人的需求和市场定位进行规划和设计。

由此可见，目前我国老年项目的现状还有很多不足之处，很多城市的老年公寓建设也还处在起步阶段，许多房地产开发商尚未注意到这一具有相当生命力和市场潜力的房地产商品新类型。

从国际经验看，老年公寓同时具备了“居家”养老和“设施”养老的长处，使得公寓养老成为老龄化社会居家养老的社区延伸，有很大的潜在消费市场。现阶段，大部分城市居民的温饱问题已得到解决，不少老人退休之后还想让生活更充实；同时许多老人希望有自己独立的生活，不愿与子女住在一起，而老年公寓则是他们的首选目标。尤其在中高档型的老年公寓里，老人们都有个人私密空间，有独立的居室、卫生间、厨房及储藏室，可以自理餐饮，自由出入。老人们在享受一般居家养老无法享受到的生活服务的同时，精神生活、娱乐活动也丰富多彩。康复医疗和护理服务更为老人的晚年生活带来安心保障，提供有质量的生活，这是养老模式的一个重要发展方向。

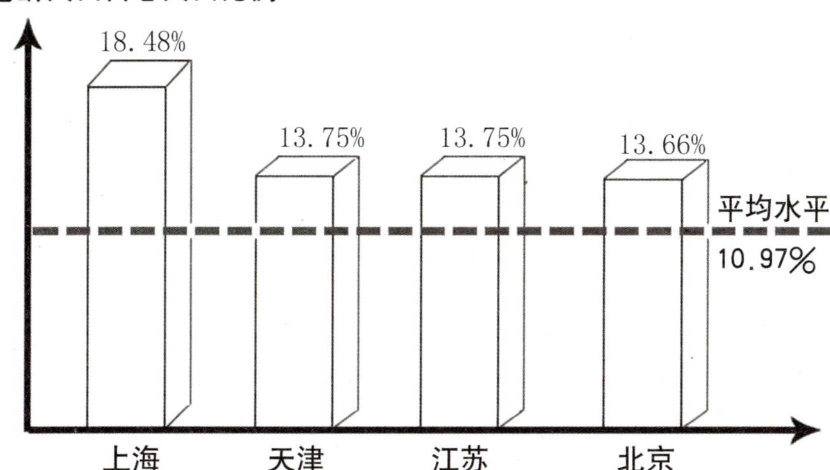

资料来源：全国老龄办首发《中国人口老龄化以展趋势预测研究报告》（2006年）。

图4-1　中国人口老龄化前四位的城市

4.2 现状设施调查的定位及调查结果

根据《中国人口老龄化发展趋势预测研究报告》公布的数据，至2004年底，全国老龄化水平的平均值为10.97%，而位列前四名的分别是上海市（18.48%）、天津市（13.75%）、江苏省（13.75%）、北京市（13.66%）。该数据（图4-1）表明，在全国刚刚步入老龄化社会的状况下，北京、上海、天津三大直辖市的人口老龄化已经达到很高的程度，由此所带来的经济、社会等一系列问题已经凸显。如何应对老龄化社会，如何解决老年人在日常生活、居家出行、保健护理、娱乐健身、文化生活和权益维护等方面面临的诸多问题，如何满足庞大老年人群体不同层次的需求，如何确立老年服务体系的功能定位，老年人对老年设施的现状如何评价，如何促进社会的协调和谐发展，都是我们必须直面的不容忽视的重大课题。

目前北京、上海、天津三大直辖市都存在历史上对养老院建设投入不够，使得养老院床位数量与需求差距较大的问题；而另一方面由于建设布局不尽合理、专业护理人员缺乏、服务功能不全、服务水平不高等原因，造成现有养老院床位没有得到充分有效利用，床位空置率较高。与此同时，社会力量兴办的养老服务机构存在体制、机制不够健全，市场准入、运行、监管不规范等问题。由于家庭规模小型化、子女外出工作求学增多等原因，身边无子女的空巢老人家庭户还在日益增加，据最新调查结果显示，目前我国城市空巢家庭已达到49.7%，空巢老人、高龄老人增加已经成为北京、上海、天津人口老龄化过程中的重要特征。家政服务、日间照料、精神慰藉等为老服务项目短缺，空巢老人、高龄老人家庭急需的家政服务人员不能满足需求，生活半自理老年人的护理需求缺口较大等问题都亟待解决。

北京、上海、天津面对越来越庞大的老年群体，必然也已经采取和正在采取一系列应对措施。当地政府和社会力量集思广益，围绕老年人的生存、发展、享受、教育等权益，以满足老年人的生活需求为本位，正在逐步建立和完善以居家养老为基础、社区服务为依托、机构养老为补充的服务体系，为老年人提供各种便利条件，使老年人得到应有的社会尊重，享受他们理想的晚年生活。

同时，北京、上海、天津的人均收入水平比较高，老年人对日常生活，尤其是精神生活的要求也比较高，他们有能力也有愿望享受不同层次、不同方式的高质量为老服务。这些地方的养老设施状况也在一定程度上反映了老年人的养老需求。

综合以上因素，我们特地选定养老问题最突出的北京、上海、天津三大直辖市作为调查对象，进行养老设施现状的调查。但因篇幅所限，本书仅列举北京市现状养老设施的调查结果。

北京市老年人口及养老设施的现状

北京市从1990年就已经进入老龄化社会，虽然目前老年人口仍以低龄老人为主，但高龄化趋势已愈发明显。截至2008年底，全市60岁以上的老年人口数量已达254万，占常住人口总数的15%，老年人口的年平均增长率达到4.9%，高于总人口年均增长率，凸显人口老龄化快速发展的特征。据有关部门预测，到2020年，全市60岁以上老年人口数量将达到350万人，占全市人口总数的20%；到2050年，老年人口将突破650万人，达到全市人口总数的30%，养老问题已迫在眉睫。

据2006年调查结果显示，北京市共有各种类型（包括敬老院、养老院、老年公寓、托老所等）养老机构339所，4.1万余张床位；其中各级政府兴办的养老机构214所，床位1.9万张；社会兴办的养老机构125所，床位2.2万张。社会养老机构的发展速度已经超过了公办养老机构。目前社会兴办养老机构的入住率略高于政府兴办的养老机构，但市级国办养老机构的入住率为100%，入住老人绝大多数是半自理及不能自理老人。按照全市养老机构床位数计算，平均每100位老人拥有1.5张床位，显然目前的养老机构数量还远不能满足社会的需求，社会养老机构的发展空间还是非常大的。

按照北京市制定的养老规划设想，到2020年，将有90%的老年人能够在社会化服务协助下通过家庭照顾养老，6%的老年人可通过政府购买社区照顾服务养老，其余4%的老年人则入住养老机构集中养老。简称为“9064”养老服务新模式（注5）。

下面介绍一下我们调查的北京市已经推出和即将推出的养老机构中，设施比较完善、条件较好、比较有代表性、有特色的几处设施及社区。

北京市第一社会福利院

性质：属市级国办养老院所，是一所中高档养老机构。

地点：德胜门外。

环境：亚运村地区、中华民族园附近。院内绿树成荫、花草清香、环境优雅。

交通：交通便利，有多条公交线路经过。

规模：建筑面积23500平方米，采用旧楼改造加新建的形式，由楼房围有一天井可供小憩。

建成时间：2003年投资4000万元改造，2004年投入使用。

特色：实行一院两型、分类管理的基本管理模式，对能自理老人实行公寓式管理。

设施：无障碍进出通道，配有客用、医用两部电梯，地面采用防滑材料，楼道安装双层扶手。设有中央监控室，对公共走廊、电梯间、楼梯间全方位监控（图4-2）。

床位数：520张（其中能自理老人床位150张，分为单人间、双人间、豪华套间）。

入住率：100%。

老人居室：单人间、双人间、三人间、四人间、豪华套间。

图4–2　北京市第一社会福利院内景

房间配置：冷暖中央空调、电视、电话、家具、冰箱、24小时生活热水、独立卫浴间、紧急呼叫对讲装置、消防报警系统、吸氧系统等。

公共配套：共享阳光大厅、书画室、棋牌室、阅览室、聊天室、网吧、文娱室、球类活动室、卡拉OK室、健身康复室、茶社、多功能厅；设有公用设备间，提供洗衣、公用灶间等。

医疗：与北京市老年病医院同属一家共管。

就餐：可选择定餐制或购买就餐卡，费用发生额按实际支出结算。

入住对象：接收能自理老人、半自理老人和不能自理老人，以及患各种急慢性疾病老人。

员工：171人（包括医院人员）。

收费标准：根据房型、朝向的不同，自理级老人每月960～3600元不等。餐费每月300元左右，冬季取暖费另收。老人入住时需缴纳一定数额的入住押金。

北京市老年公寓（第五福利院）

性质：属市级国办养老院所，是一所中高档养老机构。

地点：德胜门外。

环境：亚运村地区、中华民族园附近。

规模：建筑面积24219平方米，为一座17层大楼（一半为老年公寓使用，一半供民政部门办公用）。

交通：交通便利，有多条公交线路经过。

建成时间：2002年投入使用。

特色：公寓式管理。

设施：无障碍进出通道，地面采用防滑材料，配有两部电梯。

床位数：450张。

入住率：100%。

老人居室：单人间、双人标准间、豪华套间。

房间配置：冷暖中央空调、电视、电话、家具、24小时生活热水、独立卫浴间、紧急呼叫对讲装置、消防报警系统。

公共配套：书画室、棋牌室、手工艺室、台球室、乒乓球室、康体健身房、音乐按摩氧吧、多功能厅、音乐活动室、阅览室和多媒体教室。每层设有公用设备间，提供洗衣、灶具等，并装有开水系统、新风系统。

医疗：毗邻北京市老年病医院。医务室有保健医疗基础设施和急救绿色通道，可为老人提供紧急呼叫出诊、日常就诊、康复指导、健身咨询、心理咨询。

就餐：有中餐厅，可自选、预订、零点。

入住对象：只招收能自理老人，并同时接住长期及短期入住老人。以俱乐部形式实行会员制，向社区开放。

收费标准：根据房型、朝向的不同，每月每床1100～4000元；另需交一定数额的床位押金和医疗备用金。

北京太申祥和山庄（国际敬老院）

性质：属民办养老院所，是一所中高档养老机构。

地点：昌平区回龙观（中关村生命科技园区）。

环境：山庄采用中国传统古典园林建筑样式，有长廊、甬道、平湖、小桥散布其间，既可凭栏小憩，又可围湖垂钓（图4-3）。

规模：占地面积10余万平方米；老人居住楼为三层条形楼，有宽敞的贯通走廊为公共空间；并已增建高档别墅式客房。

交通：交通较便利，有公交车进市区。

建成时间：1999年开始试营业，2002年10月16日正式开业。

特色：提供庭院居住式的环境，星级宾馆式的服务；在全国首家推行会员制（包括太申祥和会籍、太申尊老会籍、太申至尊尊老会籍）养老模式。

设施：每层中间是宽敞的大通道，地面采用防滑材料，无障碍进出通道。

床位数：700张。

入住率：90%。

老人居室：单人间、双人间、套间。

图4–3　北京太申祥和山庄内外环境

房间配置：居室家具、电视、电话、冷暖空调、宽带网线、电磁炉、紧急呼叫对讲装置、独立卫浴间、如厕安全扶手、应急急救铃、24小时生活热水、消防报警系统。

公共配套：入口处有星级宾馆，配套设施如游泳馆、保龄球馆、小超市等，与宾馆共用；另还有桑拿室、门球场、台球房、KTV包房、茶馆、图书阅览室、棋牌室、大小会议室等，以及室外健身器材。

医疗：院内有祥和国医馆，设有体检中心、中医门诊，可进行常规体检、生化、B

超、心电图及癌前普查。

就餐：餐厅提供标准套餐、单独小炒。

入住对象：只招收能自理老人，面向有一定经济能力的华人、华侨、老专家、老教授、老干部，实行递进会员制。

员工：现有职工200人（包括招待所人员）。

收费标准：入住老人住养时需交纳一定数额的入住押金，退养时返还押金。标准房的房间费为每月每床1800元（含伙食费、护理费）。

北京四季青敬老院

性质：属乡镇级国办养老机构。

地点：海淀区四季青南平庄，阜石路与杏石口路之间。

环境：南侧紧邻永定河。院内为园林式布局，绿树成荫，繁花争艳，有樱桃、常青树、苹果树等。中心广场宽阔美丽，假山鱼池，喷泉流水，木椅石凳，静雅怡人。

交通：交通便利，有多条公交线路经过。

规模：总占地面积32908平方米，建筑面积22425平方米。主楼为一座连排式三层楼房，绿色玻璃幕墙与房顶的红色尖顶塔形建筑相互呼应又自显特色。院内楼房、平房错落分布，各式走廊环绕相通（图4-4）。

建成时间：已近半个世纪，近年逐步改造扩建。

特色：酒店式服务，环境园林化，设施星级化，房间家庭化，服务个性化，管理规

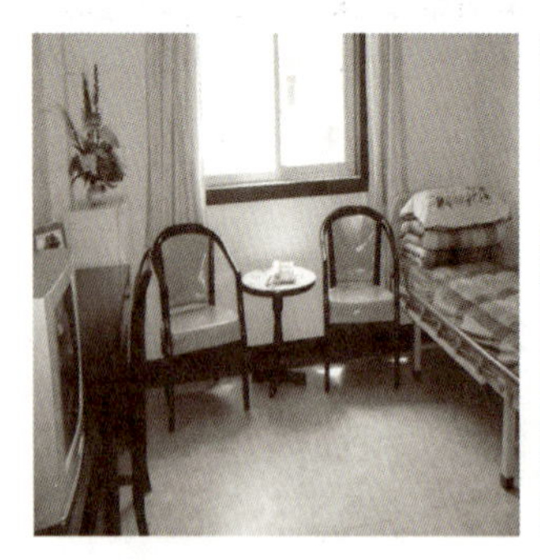

图4-4　北京四季青敬老院

范化。获多项荣誉称号，且2002年通过ISO9001质量体系认证。

设施：主楼为三层，配有两部电梯；院中、室内为无障碍进出通道，宽阔的百米阳光走廊，卫生间和走廊装备扶手，床有活动护栏。采用最先进的中央液态冷热源，节能环保型先进设施提供循环室内恒温。

床位数：500张。

入住率：95%。

老人居室：单人间、双人间、三人间、四人间。

房间配置：空调、家具、电视、电话、冰箱、微波炉、宽带入网。饮地下千米深的天然泉水、24小时生活热水。大部分房间带独立卫生间。配有呼叫系统，监护系统，消防报警系统等。

公共配套：便利商店、美容美发中心、洗衣部、缝纫部，以及棋牌室、音乐室、阅览室、书画室、健身(场)房、多功能大厅、门球场、室外运动健身器材。

医疗：周边有多所三甲医院，医务室由经验丰富的10多位医务人员提供24小时医疗服务，上门巡视。

就餐：备有大小餐厅。

入住对象：接收全自理老人、半自理老人、一般不能自理老人、不能自理老人和完全不能自理老人。

员工：有专业护理职工上百名，且都经过培训持证上岗。

收费标准：根据房型、朝向的不同，自理级老人每月从600～3000元不等。餐费每月360元左右，另收护理费、冬季取暖费等。老人入住时需交纳一定数额的入住押金（附录表4-1、表4-2）。

北京汇晨老年公寓

性质：受北京市老年社区筹建办公室委托的有限责任公司经营，属公助民营性质。

地点：昌平区北七家镇八仙庄。

环境：优雅闲静，分布水景浪漫空间、曲径散步小路、花架休憩凉棚，并设有绿地认领和自由种植园（图4-5）。

图4-5　北京汇晨老年公寓全景

规模：园区总规划用地54.21公顷，总建筑面积25万平方米；共规划为三期，现一期已投入使用。

交通：社区内设有代步电瓶车，对外有豪华班车，出行往来舒适顺畅。

建成时间：2008年投入使用。

特色：提倡主动的生活和服务，近万平方米的综合服务中心，采用先进高效的智能化管理系统，对长者提供个性化服务，如健身方案、消费查询等服务。实行会员制，提供星级宾馆式的服务。

设施：社区智能配套设施包括：先进的呼叫定位系统、消防监控系统、出入口控制系统、门禁系统、红外越界报警、摄像监控系统。

老人居室：标准间（2床）、小套间（2床）、标准套间（4床）。

房间配置：所有房间均配有独立厨房、独立卫生间。

公共配套：完备的生活设施如超市、茶室、商务中心、美容美发等。休闲娱乐设施有室内外温泉池、室内游泳池、综合运动馆、室内外网球场、门球场、健身房、棋牌室、台球房、乒乓球、沙壶球室、室外健身器材，以及老年大学、阅览室、书画室、网络教室、音乐室、活动室、放映厅等。

医疗：总建筑面积约为3500平方米的社区医院，定期为长者体检，建立个人健康及治疗档案。同时为长者随身配备紧急医疗呼叫器，并提供日常检查、就诊提醒、取药送药、服药提醒等服务。

就餐：营养餐厅提供营养配餐、订餐、送餐服务。

入住对象：只接受能自理的老人，可以长期居住（年计）、短期居住（月计）、临时居住（天计）。

收费标准：见附录表4-3。

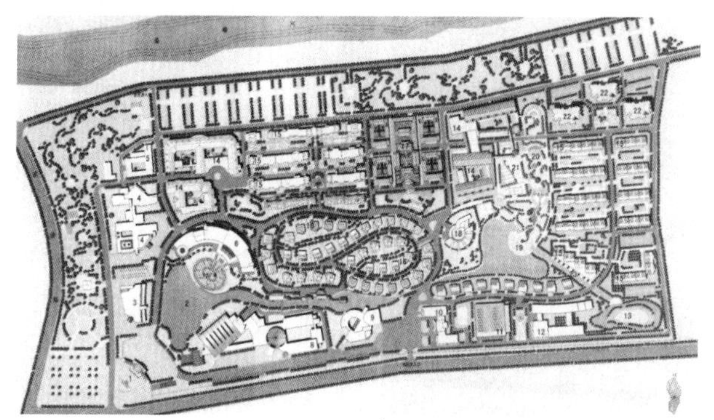

图4–6　北京太阳城总图

北京太阳城

性质：属民营老年社区与养老机构的联合统一体，由北京太阳城房地产开发有限公司开发并经营。

地点：昌平区小汤山镇。

环境：优美宜人，绿化率达60%。

规模：总占地面积42万平方米，总建筑面积约30万平方米，建有住宅式公寓、别墅、租住式公寓，从两三层的别墅到八九层的小高层住宅，涵盖了多种建筑形式（图4-6）。

交通：社区内有免费乘坐的电瓶车；另有往返城区与市区的免费巴士。

建成时间：2001年。

特色：居住形式有购买住所产权的居家式、按月缴纳规定费用的租住式、针对生活半自理和不能自理老人的安养式、以休闲养生为主要目的的度假式，共四种为老年人制定的全程化的养老服务模式。提供宾馆式服务，对老人实行个性化综合服务。加入了国际分时度假联盟（RCI），共享全球度假酒店资源。

设施：采用无障碍设计，浴室、楼梯均设置双扶手，温泉水供应，地热式采暖，设有可平展担架的医护电梯。

房间配置：主卧室及浴室都配有与社区医疗中心相连的紧急呼叫系统。

公共配套：总建筑规模达到7万平方米，包含健身中心、文化教育中心、购物中心、医疗中心、国际交流中心和家政服务中心，以及邮局、洗衣店等。购物中心开办“一站式”服务，可电话购物、送货上门。同时建设了集医疗养生、休闲度假、健身娱乐、温泉洗浴、餐饮购物为一体的阳光水世界会员俱乐部。成立有合唱队、时装队、舞蹈队、京剧组、手工组；物业24小时昼夜值班服务。

医疗：创办北京太阳城医院，属一级甲等综合性医保定点医院，具备基本的急救、医疗、健康维护和养生四大功能。每年对老人进行一次免费体检，并为其建立健康档案；值班医生对老人进行上门巡诊。建立999北京太阳城急救站，对老年人进行社区内的紧急救助。

就餐：餐厅提供营养配餐，送餐服务。

入住对象：接收健康自理老人、生活半自理老人、不能自理老人和需要临终关怀的老人，涵盖了老年人必经的四个阶段。

图4—7　北京东方太阳城外景

北京东方太阳城

性质：属民营老年社区，由中国希格玛有限公司开发。

地点：顺义区潮白河畔，距离北京市区大约40分钟车程。

环境：置于森林、河湖的环抱之中，约16万平方米的人工湖和75万平方米的景观绿地自然穿插于每个小区和组团之间，项目整体绿化率达80%（图4-7）。

规模：占地面积500万平方米，规划建筑面积80万平方米。有七个风格各异的小区，建筑形态包括联排别墅、独栋别墅、中式四合院以及户型面积为68～230平方米的点式、板式、外连廊式公寓，宽松错落，排布有致。

交通：便捷通达。

建成时间：一期明湖园于2003年4月开始入住。整个居住区分三期建设，一二期已经全面入住，三期在销售中。

特色：以“退休社区”作为整体定位， 宗旨是建设“父母的第一居所，儿女的第二居所”。

设施：采用无障碍设计，地面平坦无高差，通道不设门槛；户内外门的宽度均为1米，方便轮椅通过；地面做防滑处理；开关、门铃和门窗把手等位置适当降低，便于老人使用。另外，由于老人视力下降，特别提高房间、走廊的照明度，部分区域设置长明灯，还加大了各种提示标志的字体，以利老人辨识；由于老人听力降低，提高了报警声响。

房间配置：每户床头均安装与社区医疗中心相连的紧急呼叫系统。

公共配套：近5万平方米的规模，包括商业文化中心、康体医疗中心、度假酒店和度假公寓四大板块。同时，利用这些设施开设了老年大学等社区服务项目，并成立了乒乓球俱乐部、太极拳俱乐部、棋牌俱乐部、钓鱼俱乐部等社区娱乐项目。开设了邮政代办中心、超市等。

医疗：医疗服务中心与中日友好医院合作，开设家庭病房等社区服务，并为每位居民建立健康跟踪档案。

就餐：餐厅提供标准套餐、单独小炒。

图4–8 北京寿山福海养老服务中心

北京寿山福海养老服务中心

性质：属民办非营利养老机构。

地点：石景山区双峪路23号。

环境：中式园林风格，背靠九龙山，毗邻永定河（图4-8）。

规模：一期工程占地36亩,建筑面积25000平方米。

交通：位于城区，交通便利。

建成时间：2006年兴建，2008年投入使用。

特色：全方位为老年人服务。

设施：星级设施标准，呼叫系统、监视系统以及节能设计。

床位数：一期200张，全部共700多张。

老人居室：标准间、大标准间、小标准间。

房间配置：提供冷、热水。

公共配套：设有健身房、台球室、多功能厅、书画室、阅览室、棋牌室、乒乓球室、电脑教室。

医疗：设有医疗中心，提供健康咨询、指导，健康讲座。

就餐：可包伙选餐、零点用餐，并提供特殊饮食、送餐服务。

入住对象：接收能自理老人、半自理老人和不能自理老人。

员工：护理人员经过专业培训。

收费标准：房间费为每月每床1300～1800元，伙食费每天20元，冬季取暖费另收；电话费按实际消费收费，服务费按服务等级和项目收取；老人入住时需交一定数额的入住押金（附录表4-4）。

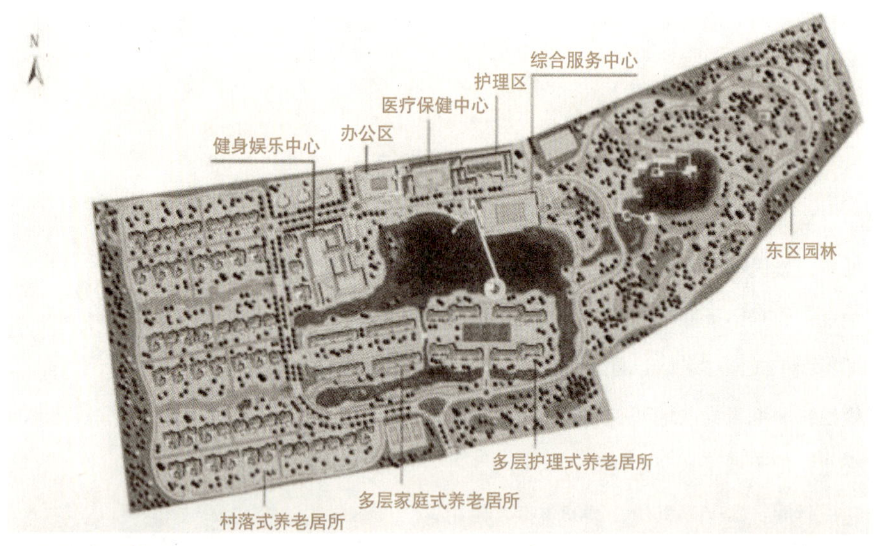

图4—9　北京将府庄园

北京将府庄园敬老院

性质：属民办养老社区及机构。

地点：北五环外，环铁绿化带内。

环境：靠近燕莎商圈，邻近200多万平方米葱郁茂盛的林地，自然环境优越。庄园中心布置有内部景观水面，南部及东部留出大片集中绿地。

规模：占地38万平方米。中心区建有两个多层家庭式及多层护理式养老居所居住岛，庄园西侧展开三个村落式养老居所组团。两部分既相互统一，又相对独立。

交通：紧邻机场高速，交通便利。

建成时间：2009年，正在筹备开业。

特色：建筑与环境融合在一起，体现了对环境的尊重（图4-9）。

公共配套：设有健身娱乐中心、综合服务中心等配套设施。

医疗：设有医疗保健中心、护理区。

就餐：餐厅提供标准套餐、单独小炒。

入住对象：接收能自理老人、半自理老人和不能自理老人。

图4-10　北京民福桃源老年社区鸟瞰

北京民福桃源老年社区

性质：属民航系统度假休闲旅游与社区养老的统一综合机构。

地点：昌平区兴寿镇桃林村。

环境：风格独特的景观设计，环境自然共生，绿化优美、楼台庭院、小桥流水。通过社区内部景观，营造优质的可参与的公共空间，增强社区高尚氛围。项目内部和周边将建成占地面积320亩生态公园和占地面积1000亩的高尔夫球场（图4-10）。

规模：规划用地面积39公顷，其中旅游设施用地11.02公顷，公共绿地13.13公顷，防护绿地8.76公顷，道路用地5.89公顷。规划总建筑面积10万平方米，包括高品质中欧结合式的双拼旅游用房、高档板式多层（四层）旅游用房、多功能老年公寓及休闲会所。市政配套设施齐全。

交通：交通便利。

建成时间：建设中。

特色：高品位高品质，强调智能与节能，注重以人为本、以文为本。

设施：采用无障碍设计，星级设施标准，呼叫系统、监视系统以及节能环保设计。

床位数：老人社区488户，老年公寓100床。

老人居室：分为单人间、双人间和套间，充分利用套内面积，优化内部空间。生活可以自理的健康老人可入住双拼、叠拼、花园洋房，享受家庭生活的温馨，随着年龄的增大，生活不能完全自理的老人，可转入老年公寓，享受全方位的照顾与医疗服务。

房间配置：所有房间均配有独立厨房、独立卫生间。每户床头均安装与社区医疗中心相连的紧急呼叫系统。

公共配套：设有集康体健身、休闲娱乐、服务保障等功能的休闲会所。咖啡馆、棋牌吧、演艺舞台等，品位怡然，亦歌亦舞亦开怀；更有精品图书馆，为人们提供阅读、音乐、舞蹈、 茶道、插花、 棋牌等丰富多彩的知性空间，可以相互学习与自我展示。社区内设有垂钓区、室外自助烧烤及温室大棚有机作物采摘等各类户外休闲康体娱乐活动，将使入住老人更充分体味生活情趣、享受惬意心境。

医疗：设有医疗保健中心及康复中心。

就餐：设有大餐厅和小餐厅，餐厅提供标准套餐、单独小炒。

入住对象：以民航内部退休职工为主。入住民福桃源的住户，还将享有在全国五大城市的分时居住权利。

调查结果显示，北京市养老设施及老年社区迅猛发展，设计及经营管理理念也在逐步更新变化，房间配置、配套设施等都有大幅提高，以人为本、人文化关怀也越来越受到重视。还有，国际上成熟的老年设施产品用品也在逐步渗透进入中国市场，高品质、高水准的老年设施和老年社区会越来越多地呈现出来。

4.3 中国城市养老需求调查

伴随我国社会经济的持续发展，人民生活水平的不断提高，社会生活方式也在悄然变化。老年群体在生活照料、医疗保健、精神慰藉、心理支持、康复护理、紧急救助、文化教育、体育健身和权益维护等方面的需求呈现出日益增长的趋势。传统的家庭养老模式已越来越难以满足老年人的生活需求，养老模式的社会化倾向，将是一个不可逆转的趋势。

本着探索、开发新型的老年人居住模式的目的，为了更有效地掌握当前社会各阶层、各年龄段人群对养老服务业的需求和愿望，以便于为老服务产业的市场细分，更有针对性地提供为老服务项目，使养老设施的设置更具前瞻性，我们策划实施了老年市场的需求调查（注6）。

该项调查的对象特地选取了有代表性的五个地域，分别是北京、上海、天津、海南和台湾。这些地区或是老龄化程度及收入水平较高，养老需求较迫切的地区；或是开发养老设施项目的邻近地区。考虑到今后的运营并作为参考，我们还在老年市场需求调查中，特别委托在台湾的大学教授协助，在台湾的一部分地区发放了调查问卷。

该项调查共发放调查问卷5000份。调查对象涉及不同年龄、不同职业、不同收入水平、不同教育背景的人群，具有一定的广泛性和实用价值。调查问卷共回收1688份，其中有效问卷1003份。从收到的问卷中可以看出，很多调查对象对调查的问题经过了认真的思考并进行了细致的回答，对其中一些多选项还做了优先排序，并且附有大量很有参考价值的留言。许多留言或发表感想和观点，或提出意见和建议，反映出他们对养老服务业的关心和期待，对今后的开发、建设、运营工作都有很大的借鉴作用。

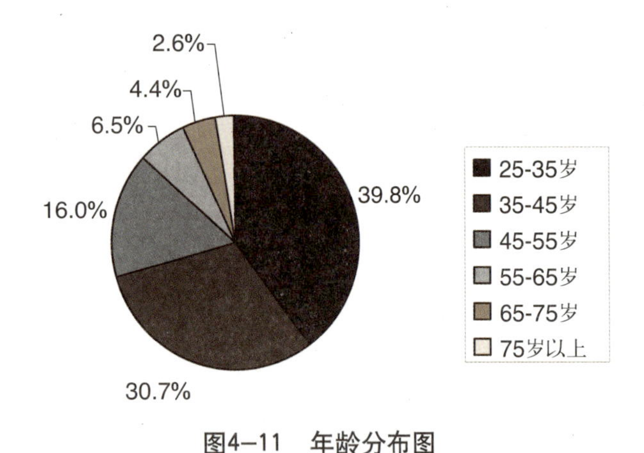

图4-11　年龄分布图

4.4 需求调查统计和分析结果

对有效问卷的统计分析结果如下。

调查受众基本情况统计

1. 年龄统计：

本次调查既关注已步入老龄的人群对老年市场需求的现实性，更关注中青年人群对未来老年市场的预期需求。这是因为55岁以上人群中以传统的多子女家庭居多，而55岁以下人群中多是独生子女家庭，会更关心养老社会化问题。其次，本次调查的目标设施的市场成熟期，也需要一个时间段的培育过程。

调查结果，接受本次调查的人群中，25～35岁的青年人占39.8%， 35～55岁的中年人占46.7%， 55岁以上的准老年人及老年人占13.5%，具体分布情况见图4-11年龄分布图。

2．性别统计

接受本次调查的人群中，男性与女性的比例大体相当，女性人数略高于男性人数，分布情况见图4-12 性别分布图。

3．婚姻状况统计

接受本次调查的人群中，已婚人数所占比重最大，为68.4%；其次是未婚人数，占26.4%；离婚及丧偶人数占5.2%，统计结果见图4-13 婚姻状况统计。

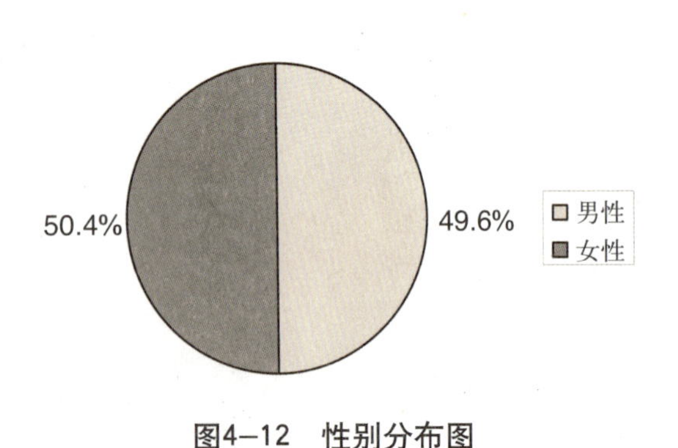

图4-12　性别分布图

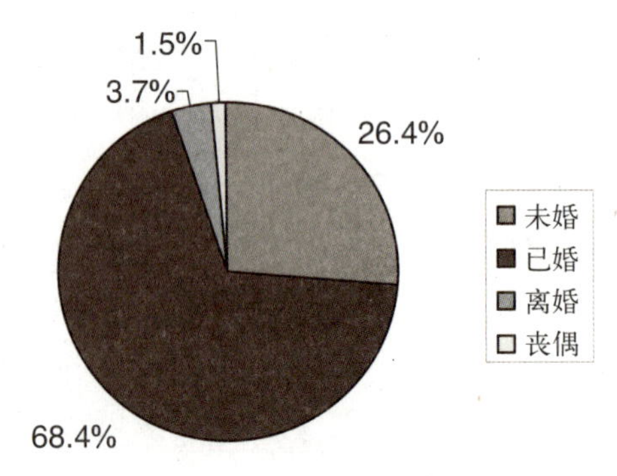

图4-13　婚姻状况统计

4．受教育程度统计

当前人们的受教育程度仍然在很大程度上影响着养老观念及对新型养老设施的接受能力，并决定着养老市场的走向。接受本次调查的人群中，拥有大学本科学历的人最多，占38.7%，拥有大学专科学历的人，占29.8%，研究生及以上学历和高中及中专学历的人，分别占14.5%和14.6%，具体分布见图4-14 受教育程度分布图。

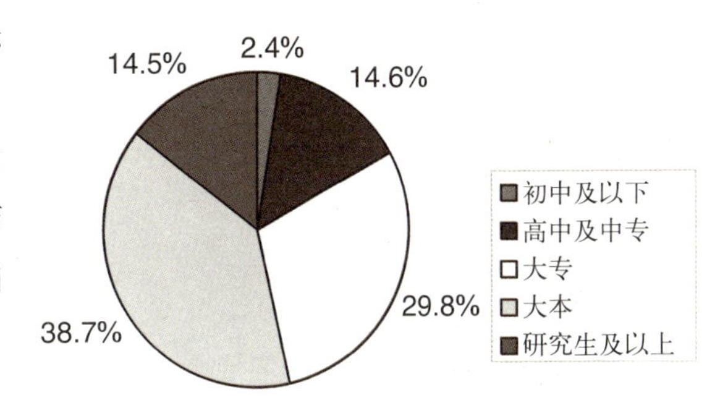

图4–14　受教育程度分布图

5．个人年收入统计

个人及家庭年收入的水平直接左右着老年高端市场的消费能力。接受本次调查的人群中，个人年收入在20万元以下的占71.7%，个人年收入为20～30万元的占10.5%，具体分布见图4-15 个人年收入状况。

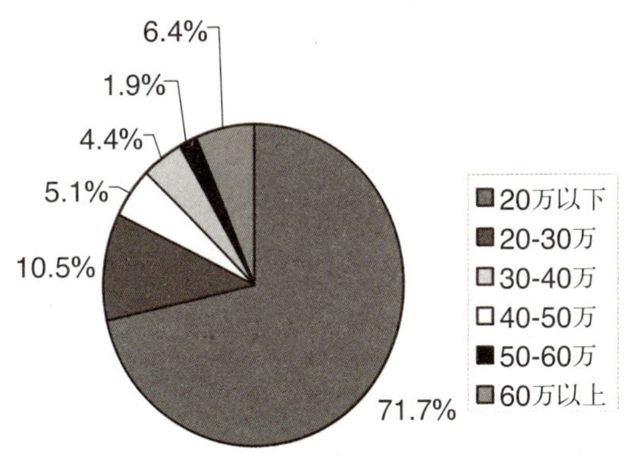

图4–15　个人年收入状况

6．家庭年收入统计

接受本次调查的人群中，家庭年收入在20万元以下的占62.9%；家庭年收入为20～30万元和60万元以上的，分别占12.3%和12.5%；具体分布见图4-16 家庭年收入状况。

7．现居住状况统计

接受本次调查的人群中，与子女同住的三口之家的人群为最多，占36.5%；其次是夫妇二人同住的人群，占18.8%；独居

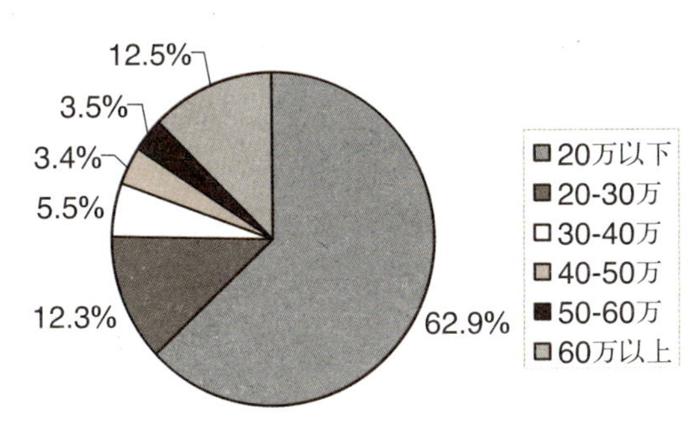

图4–16　家庭年收入状况

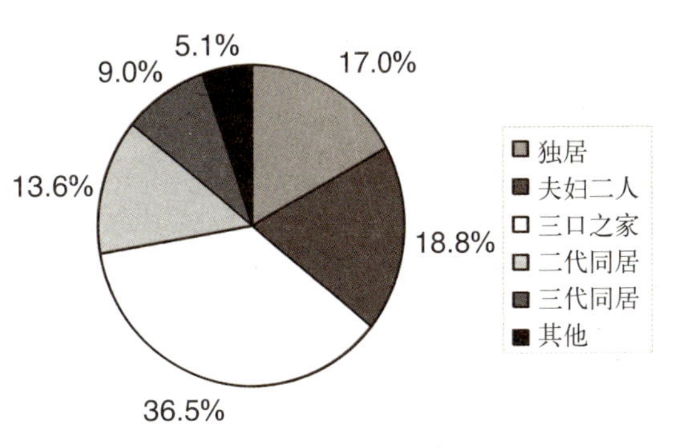

图4–17　现在的居住状况

人群占17%；表明家庭规模的小型化日益显著。具体分布见图4-17 现在的居住状况。

8. 个人职业统计

接受本次调查的人群，包括各行各业的从业人员。其中以地产建筑业、服务业、国家公务员所占比例最大，分别为16.1% 、14.5%和13%。从事其他职业的有，金融保险业、大学教授、制造业、科教出版、文化体育、医生、IT业、律师、艺能人，以及自由职业者。另外，还有部分国企高管、合资外资企业高管、私营企业主。

9. 籍贯或出生地分布

接受本次调查的人群中，现在居住的地域虽然在上述五个地方，他们的籍贯或出生地则涵盖了全国除西藏、青海之外的30个省、自治区、直辖市。地域的广泛性也使获得的信息在养老观念、老年住宅居住要求、为老社会服务需要方面具有一定的代表性。

以下是本次调查问卷的部分内容。我们将按照问题选项单列、回答统计图示、结果需求分析的顺序分别列出。

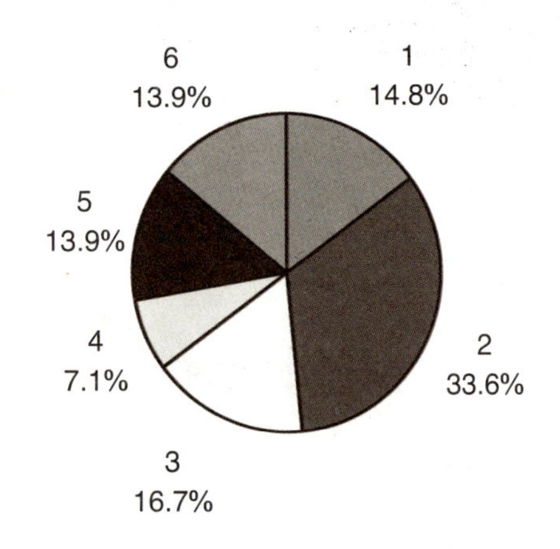

图4-18　关于养老方式

关于养老模式

一，您（或您的父母）希望选择的养老方式是：

1. 与儿女共同居住
2. 最好与儿女住在同一小区或同一栋楼但分别居住
3. 单独居住在自己熟悉的生活圈
4. 住养老院（老年公寓）等福利设施
5. 选择社区化的居家型老年住宅
6. 能享受到专业化服务的高档养老设施

本题总体上看（图4-18），选择最多的是2“最好与儿女住在同一小区或同一栋楼但分别居住”（33.6%），其次是3“单独居住在自己熟悉的生活圈”（16.7%），再其次是1“与儿女共同居住”（14.8%）；选择4“住养老院（老年公寓）等福利设施”的比例最少（7.1%）。

这个结果一方面说明人们的养老观念还局限在养儿防老、靠儿女或亲属养老的层面，在感情上很难接受入住养老院等福利设施；另一方面也说明目前大多数养老院在服务水平、人员素质、硬件配置上还不能满足老年人的需求。

从年龄上看，老年人也是选择2“最好与儿女住在同一小区或同一栋楼但分别居住”最多，不同的是选择3“单独居住在自己熟悉的生活圈”的比例远高于平均值，达到23.1%；且选择1“与儿女共同居住”的比例减小（10.4%），少于选择住养老院和社区老年住宅的人。说明老年人不愿与儿女居住得过于紧密，希望能有自己的生活空间、多与同龄人交流，并能及时得到需要的照顾。

从收入水平看，高收入人群（个人年收入在20万元以上）选择6“能享受到专业化服务的高档养老设施”的比例达到17.7%，高于选择5“选择社区化的居家型老年住宅”（14.2%）和选择4“住养老院（老年公寓）等福利设施”（7.6%）的比例，反映了高收入人群对设施完善、服务上乘、配套齐全的高档养老设施的极大期望和承受能力。

从教育程度看，高知人群选择5“选择社区化的居家型老年住宅”（15.3%）和选择6“能享受到专业化服务的高档养老设施”（14.3%）的比例均高于平均值，显示高知人群比一般人更愿意接受公共服务功能强大的养老设施。

二，您（或您的父母）年迈退休后希望居住在：

1．曾长期居住生活的城市

2．到儿女所在的地方居住

3．回自己的老家（故乡）居住

4．到有良好配套服务设施的乡村居住

5．选择气候环境优良、医疗设施齐全、服务配套周到的城市居住

6．主要选择具有良好环境及有专业化服务的社区及设施而不必过多考虑地域性

本题中（图4-19），选择最多的是1“曾长期居住生活的城市”（26.1%），其次是5“选择气候环境优良、医疗设施齐全、服务配套周到的城市居住”（23.7%），说明人们年老后还是最希望居住在自己熟悉的生活圈，并对居住环境、医疗保障、专业服务有更高的要求。

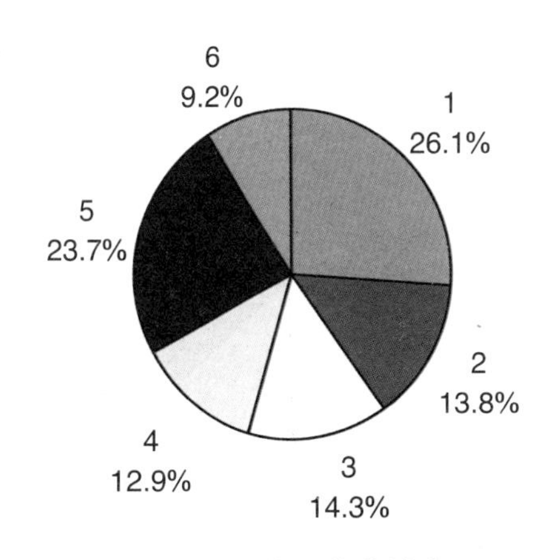

图4–19　关于养老地点

另外，选择2“到儿女所在的地方居住”的人也较多（13.8%），显示人们担心年老后的孤独，对儿女亲情交流的愿望很强烈。

从年龄上看，生活在大陆的老年人选择1“曾长期居住生活的城市”的比例非常高（40.5%），显示老年人更依赖熟悉的环境、熟络的人脉，借以增强安全感和生活的便利性。

从地域上看，南方人（上海、海南、台湾）选择3“回自己的老家（故乡）居住”的较多，说明南方的中小城市气候适宜，自然及人文环境较好，对当地人有一定的吸引力。

从收入水平看，高收入人群（个人年收入在20万元以上）在6个选项中选择最多的是5“选择气候环境优良、医疗设施齐全、服务配套周到的城市居住”，显示高收入人群会更多地考虑居住地的舒适性且不愿脱离城市的氛围。

从教育程度看，高知人群选择5“选择气候环境优良、医疗设施齐全、服务配套周到的城市居住”的比例也较高，基本与选择1“曾长期居住生活的城市”的人持平，反映了高知人群更倾向于设施完善、服务周到的养老设施。

三，您（或您的父母）在哪种情况下会考虑到养老设施居住：

1．生活不能自理时

2．儿女不在身边或无子女照顾

3．老后一人独居时

4．发现了既能享受到专业化服务又能得到精神满足的高档养老社区及设施

5．有相互理解相互信任的同龄朋友一起入住时

6．有良好的社会保障入住后能解决后顾之忧颐养天年

本题总体统计6个选项比较平均（图4-20）。从年龄上看，老年人选择1“生活不能自理时”的比例高达28.0%；同时选择3“老后一人独居时”的比例也偏高（15.5%），排在第3位，说明老年人对目前养老院的满意度普遍不高，不到万不得已的时候不会选择入住养老院；同时也说明老年人对养老院的认识仍局限在传统的生活护理加康复疗养

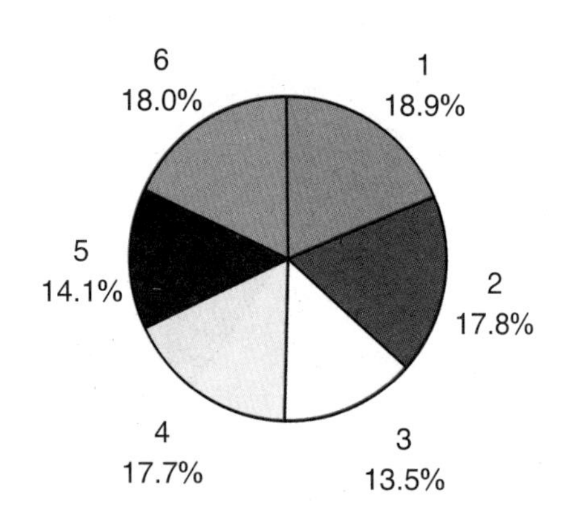

图4–20　选择养老设施的条件

的类型。

与此不同的是，高收入人群（个人年收入在20万元以上）在6个选项中的首选是4“发现了既能享受到专业化服务又能得到精神满足的高档养老社区及设施”（19.4%），其次是5“有相互理解相互信任的同龄朋友一起入住时”（18.6%），反映了高收入人群更加注重精神享受的倾向。而一般人更多的是选择6“有良好的社会保障入住后能解决后顾之忧颐养天年”，反映的是大众对社会保障的更多关心。

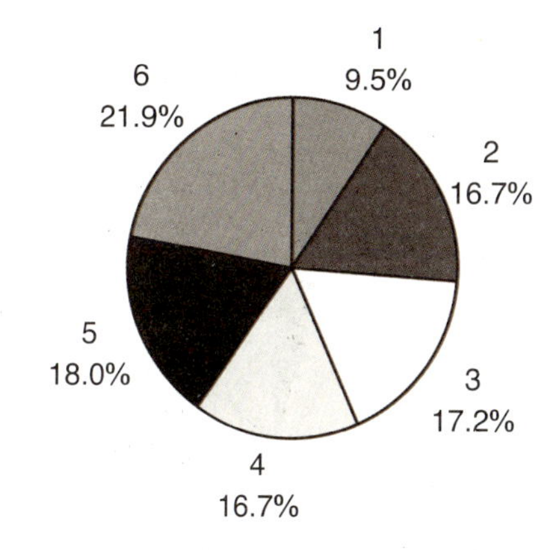

图4–21　养老居住条件

关于养老设施

四，您（或您的父母）希望的养老居住条件是：

1. 现状居住的住宅
2. 适合老人居住的配有相关服务机能的老年社区
3. 既考虑老人生活方便又可以接纳子女小住的多居室住宅
4. 具备优雅舒适的室内环境及温暖宜人的外部环境
5. 能有属于自己的私密空间又有公共交流空间，满足老年人多方位需求的养老设施
6. 既能享受到专业化的照料，又能同时享受到与家庭成员生活在一起的天伦之乐

本题总体统计（图4-21），选择最多的是6“既能享受到专业化的照料，又能同时享受到与家庭成员生活在一起的天伦之乐”（21.9%），其次是5“能有属于自己的私密空间又有公共交流空间，满足老年人多方位需求的养老设施”（18.0%）。

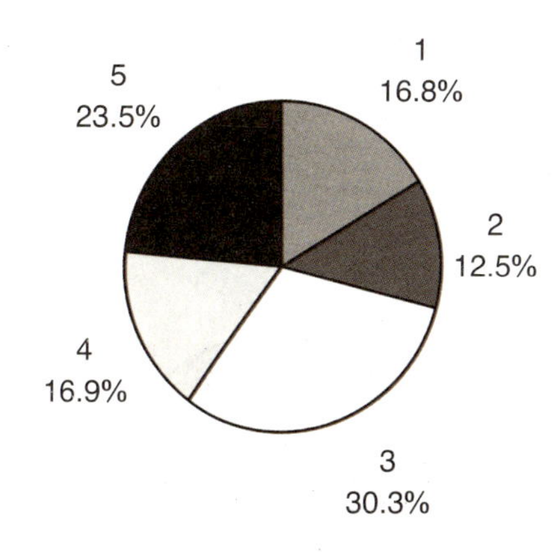

图4–22　养老的地区

其中高收入人群的选择与此相反，选择5的比例偏高，达到21.4%，表达了一种要求对个人隐私尊重的强烈意愿。

另外，选择3“既考虑老人生活方便又可以接纳子女小住的多居室住宅”、选择2“适合老人居住的配有相关服务机能的老年社区”和选择4“具备优雅舒适的室内环境及温暖宜人的外部环境”的比例在各分组的统计中均不相上下。

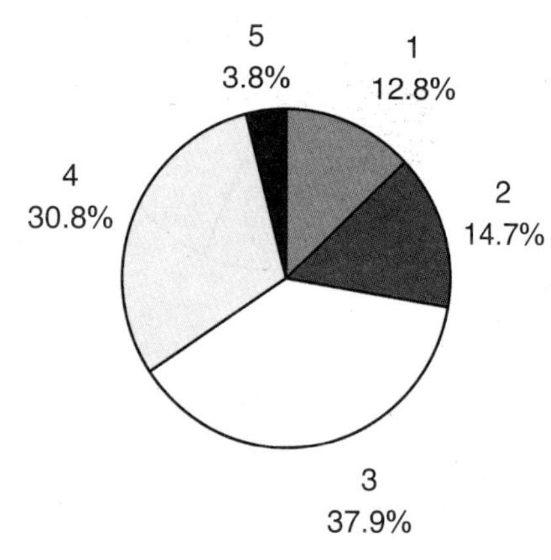

图4–23　养老的地域

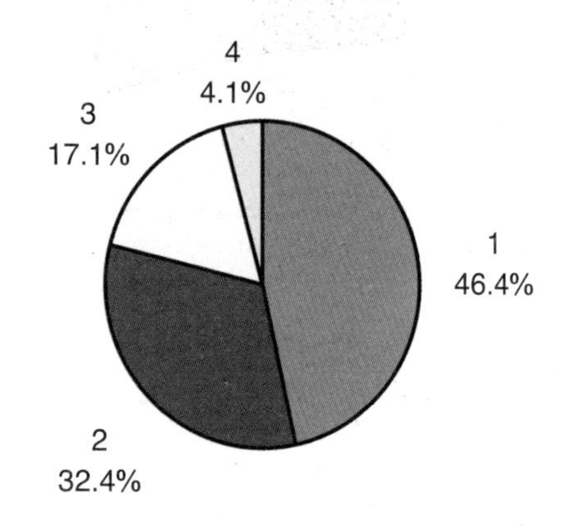

图4–24　养老设施的规模

五，如果可以选择，您（或您的父母）将选择在下列哪个地区养老：

1．北京市及其周边市郊

2．上海市及其周边市郊

3．海南岛

4．山东半岛（青岛、烟台、威海等沿海地区）

5．其他省市

本题（图4-22）因从各地回收的问卷数量不等，按地域分别统计的结果如下：

从北京市回收的问卷首选是1“北京市及其周边市郊”（46.4%），次选是4“山东半岛”（20.0%）。

从天津市回收的问卷首选是4“山东半岛”（30.0%），次选是3“海南岛”和5“其他省市”（天津），各占27.1%。

从上海市回收的问卷首选是2“上海市及其周边市郊”（44.9%），次选是3“海南岛”（19.1%）。

从海南省回收的问卷首选是3“海南岛”（72.7%），次选是4“山东半岛”（9.0%）。

从台湾省回收的问卷首选是5“其他省市”（台湾）（62.3%），次选是2“上海市及其周边市郊”（20.0%）。

六，如果可以选择，您（或您的父母）希望在下列哪个地域养老：

1．靠近海边

2．靠近市区中心

3．既靠近海边又靠近市区

4．靠近风景秀丽环境宜人的山区

5．其他地域

本题总体统计（图4-23），选择最多的是3“既靠近海边又靠近市区”（37.9%），其次是4“靠近风景秀丽环境宜人的山区”（30.8%）。

从地域方面看，天津地区选择3“既靠近海边又靠近市区”的比例较平均值高（40.8%）；北京地区和上海地区选择1“靠近海边”的比例高于平均值，分别是20.2%和20.7%；海南地区选择3“既靠近海边又靠近市区”的比例高达48.0%；台湾地区选择最多的是4“靠近风景秀丽环境宜人的山区”（38.1%）。

从年龄方面看，老年人（尤其是65岁以上的老年人）选择2“靠近市区中心”的比例猛增，高达27.1%，显示老年人对高水平医疗条件等城市功能的相对依赖。

七，您（或您的父母）希望的养老设施的规模是：

1．不必过大，以舒适宜人为主

2．中小型，方便生活和服务管理

3．可以是大规模的社区，内部分为小的单元

4．大规模，便于集中管理

本题中（见图4-24），选择最多的是1“不必过大，以舒适宜人为主”，占46.4%；其次是2“中小型，方便生活和服务管理”，占32.4%；其中老年人选择1“不必过大，以舒适宜人为主”的比例非常高，竟高达52.8%，反映了老年人追求安宁、清逸、闲适的居住环境的强烈愿望。而且从老年人的留言上看，很多老年人不希望居住在只有老年人的老年社区，更愿意居住在公共服务配套设施完善的有青年人和儿童的混合社区，从而使自己能常常保持年轻的心态。

关于服务模式

八，您（或您的父母）希望的养老设施的服务模式是：

1．会员制（办理会员卡并缴纳一定的会费，可自由选择入住时间、期限等）

2．反按揭式（将住房抵押，抵押金按月折成为每月的入住费用）

3．物业置换（代将原有住房出租，以租金收入入住，或用原住房置换入住）

4．一次买断式（一次性缴纳入住使用费，可终生享用）

5．酒店式管理（类似入住星级酒店的管理模式）

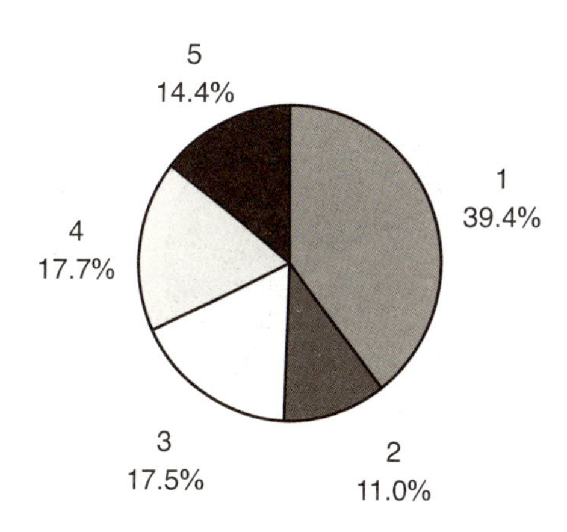

图4–25　养老设施的服务模式

本题总体统计（图4-25），选择最多的是1“会员制”，占39.4%；其次是4“一次买断式”和3“物业置换”，分别占17.7%和17.5%。

从地域方面看，台湾地区选择5“酒店式管理”的比例较高，为19.3%，排在第2位。

从年龄方面看，中年人选择5“酒店式管理”的比例也较高，为17.0%，也是排在第2位；老年人选择1“会员制”的比例高达48.1%，远高于平均值。

从收入水平看，高收入人群（个人年收入在20万元以上）选择5“酒店式管理”的比例更高，达到21.2%，排在第2位。

以上市场调查的结果可作为将来经营模式的参考。

九，您（或您的父母）愿意接受的服务是：

1．入住养老设施，接受日常生活照料、医疗保健、法律援助、精神慰籍等专业服务

2．住在自己家里，早晚由养老设施接送，接受日间的照料及专业服务

3．住在适合老人居住的社区里，在家里得到一天24小时的护理

4．住在适合老人居住的社区里，有需要时随时可以得到相应的专业服务

5．住在具有高档养老设施的社区里，根据身体、精神、环境、经济自由选择各项服务

本题总体统计（图4-26），选择最多的是4“住在适合老人居住的社区里，有需要时随时可以得到相应的专业服务”，占29.3%；其次是1“入住养老设施，接受日常生活照料、医疗保健、法律援助、精神慰藉等专业服务”，占23.2%；再其次是5“住在具有高档养老设施的社区里，根据身体、精神、环境、经济自由选择各项服务”，占18.4%。说明人们年老后更倾向于按自己喜欢的方式生活，同时能方便地满足自己的特殊需要；而不希望各种服务过深地介入自己的生活。

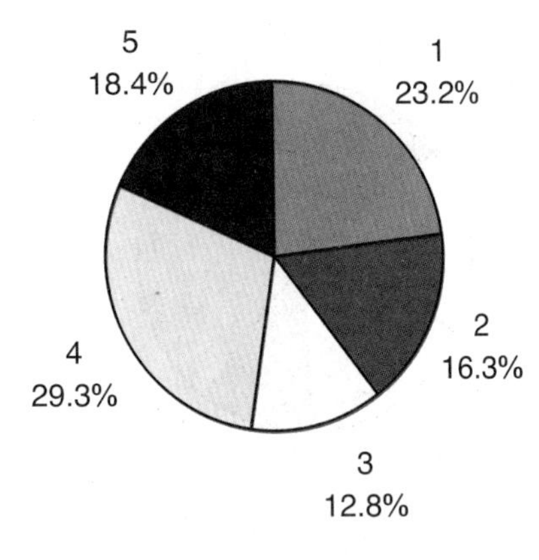

图4–26　专业服务

从地域上看，上海和北京地区选择2“住在自己家里，早晚由养老设施接送，接受日间的照料及专业服务”的比例较平均值高，分别为28.2%和17.4%，说明两地人群较易接受新的养老观念。

从年龄上看，老年人也是选择2“住在自己家里，早晚由

养老设施接送，接受日间的照料及专业服务”的比例较平均值偏高（19.1%），排在选择4和1之后，说明相当一部分老年人更希望既能住在自己家里又能得到在养老设施里的专业服务。

从收入水平看，高收入人群也是选择4“住在适合老人居住的社区里，有需要时随时可以得到相应的专业服务”最多，但选择5“住在具有高档养老设施的社区里，根据身体、精神、环境、经济自由选择各项服务”的比例排在第2位，达到22.7%，反映了高收入人群对为老服务的多样性、灵活性的要求。

关于入住费用

十，您（或您的父母）所认为的高档养老设施每月的居住费用是：

1．每月1000元~2000元

2．每月2000元~3000元

3．每月3000元~4000元

4．每月4000元~5000元

5．每月5000元~6000元

6．每月6000元~10000元

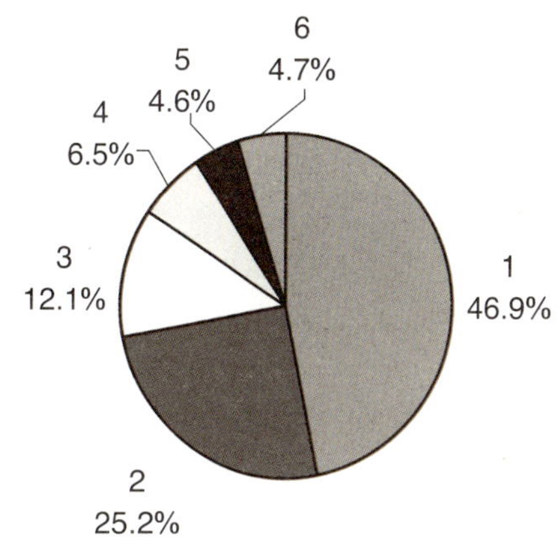

图4–27　居住费用

本题中（图4-27），选择最多的是1“每月1000元~2000元”（46.9%），其次是2“每月2000元~3000元”（25.2%）。其中天津和海南选择1的比例高达60.6%和59.8%，说明两地人群的消费能力偏低。而高收入人群的首选是2“每月2000元~3000元”（29.1%），次选是3“每月3000元~4000元”（18.1%）。

十一，您（或您的父母）可承受的高档养老设施每月的居住费用是：

1．每月1000元~2000元

2．每月2000元~3000元

3．每月3000元~4000元

4．每月4000元~5000元

5．每月5000元~6000元

6．每月6000元~10000元

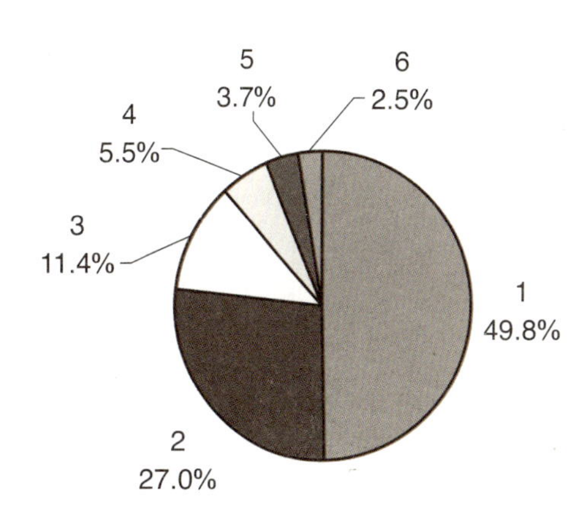

图4–28　可承受的月居住费用

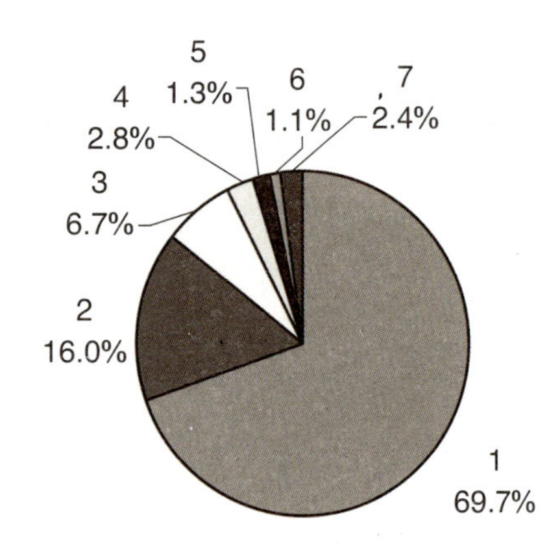

图4—29　可承受的年居住费用

本题（图4-28）与上题近似，选择最多的是1“每月1000元~2000元”，占49.8%；其次是2“每月2000元~3000元”，占27.0%。

十二，如果是一次性支付全年的所有费用，您（或您的父母）可承受的费用是：

1．每年3万元~5万元

2．每年5万元~10万元

3．每年10万元~15万元

4．每年15万元~20万元

5．每年20万元~25万元

6．每年25万元~30万元

7．每年3万元以下

本题中（图4-29），选择最多的是1“每年3万元~5万元”，占69.7%；其次是2“每年5万元~10万元”，占16.0%。

关于养老公共配套设施

十三，您（或您的父母）希望的养老公共配套设施有：

本次养老公共配套设施的选项调查是多选项，按被选项由多到少排序依次为：社区医疗、健身康复设施、图书阅览室、药店、室内游泳馆、专用蔬菜园、植物园、棋牌娱乐室、老年用品超市、昼夜服务中心、文化中心、福利用品商店、花店苗圃、多风味餐厅、老年大学教室、琴棋书画室、多媒体设施、茶艺咖啡屋、心理咨询诊疗、电影录像厅、卡拉OK室、桌球台球室、酒吧舞厅、屋顶停机坪。

1.社区医疗	2.图书阅览室	3.棋牌娱乐室	4.茶艺咖啡屋	5.昼夜服务中心
6.健身康复设施	7.多媒体设施	8.室内游泳馆	9.多风味餐厅	10.花店、苗圃
11.心理咨询诊疗	12.琴棋书画	13.卡拉OK室	14.酒吧、舞厅	15.专用蔬菜园
16.福利用品商店	17.老年大学教室	18.桌球台球室	19.屋顶停机坪	20.植物园
21.药店	22.文化中心	23.电影录像厅	24.老年用品超市	25.其他

从中可以看出，人们最关注的是医疗康复设施，其次是图书阅览等文化方面的需

求，专用蔬菜园和植物园也比较靠前，还有老年用品超市的被选几率也相对集中。

问卷调查结论

通过本次城市养老需求调查以及对调查结果的研究分析，我们得出的结论如下：

1. 越来越多的中老年人关注养老产业和养老市场，针对养老设施、养老模式、服务模式以及经营模式进行思考和探索，养老产业的多元化时代即将来临。

2. 高端项目的目标客户群，首先宜定位在35岁以上的高收入人群以及他们的父母。这部分人工作繁忙，无暇照顾父母，又有愿望和能力使他们的父母颐养天年；同时，这部分人以独生子女家庭居多，比较重视、有些已开始考虑自己的养老问题。另一方面，这部分人更看重养老设施的功能、服务及环境，而不限定于选择现在居住的地域。

3. 生活富裕的老年人，特别是高知老人对于养老产业的认可度更高。这部分人除上述原因外，生活品位较高，对生活质量的要求也较高，不愿在日常生活方面耗费过多的精力，而希望有一个周致的服务机构为他们代劳。另一方面，这部分人中许多人不喜欢千篇一律的生活方式，他们更富有生活情趣，更愿意自由地选择内容丰富、分类详细的服务项目。

4. 设施社区化、规划高品位、设计专业化、注重私密性的项目会有很大的市场。设施高、中档兼顾，住宅、公寓式并存，多元化产品和精细化设计必不可少。

5. 社区公共服务是重中之重，包括家政服务、配餐服务、代购服务、护理服务、出行服务、医疗服务、保健服务、理财服务、健身服务、娱乐服务、康复服务、心理健康服务、法律咨询服务等等。这些服务必须配置齐全、专业经营、合理细分、管理规范，与社区定位相匹配。

6. 养老设施和服务的价格要考虑老年人的承受能力，要在温馨舒适的前提下尽可能降低成本，规划设计时就要考虑到一次性投资以及运营成本的协调与控制，切忌追求豪华及不切实际的浪费，应以功能实用、方便舒适、人文关怀为第一位。

当然，如何转变人们对养老设施的固有认识，使其对养老产业和老年项目产生认同感，也是一个需要认真对待并进一步深入研究的课题。下一章就针对老龄设施的基本概念及其设计中的重点进行分析论述。

第5章 老龄建筑的基本概念及其设计要点

老年之家

第5章　老龄建筑的基本概念及其设计要点

5.1 老龄建筑的基本概念—Concept

5.1.1 老龄建筑和老人的定义

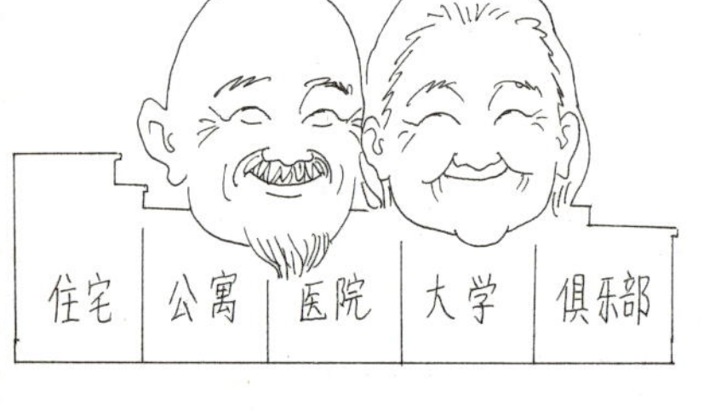

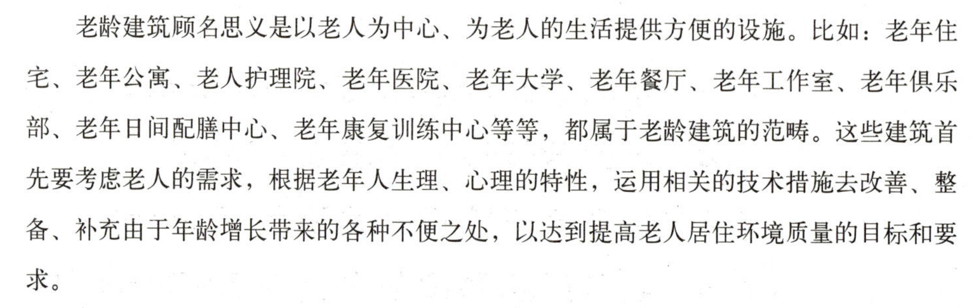

老龄建筑顾名思义是以老人为中心、为老人的生活提供方便的设施。比如：老年住宅、老年公寓、老人护理院、老年医院、老年大学、老年餐厅、老年工作室、老年俱乐部、老年日间配膳中心、老年康复训练中心等等，都属于老龄建筑的范畴。这些建筑首先要考虑老人的需求，根据老年人生理、心理的特性，运用相关的技术措施去改善、整备、补充由于年龄增长带来的各种不便之处，以达到提高老人居住环境质量的目标和要求。

对老龄、老人的定义，相对的也是有一定界定的。一般来说是指伴随着人类自身年龄增长，人的各方面能力逐渐衰退老化，视觉、听觉、嗅觉、味觉、触觉以及运动机能都有所弱化，体力、记忆力也会下降，甚至出现认知症（老年痴呆）、抑郁症等等生理的和心理的疾病，这是人类生存发展的必经时期。在生理学、心理学、社会学方面对老年人都有相应的规定。参见下表（表5-1）。

表5-1 关于老年人的界定

生理学的规定	生活体的器官、组织、机能的衰退 人类社会生活周期的规定必然经历出生→发展→衰退的过程
心理学的规定	对于环境变化的适应性减退 自我控制能力的下降
社会学的规定	从工作及家务劳动的第一线退出 家庭周期分为脱离儿女期(儿女结婚独立时)及脱离夫妇期(配偶者一方死亡时)

5.1.2 老年人的生理需求

老年人的生理需求主要表现在对声环境、光环境、热环境、无障碍环境和人体工学环境等方面的特殊需求。

1. 声环境

所谓声环境是指对人们日常生活产生影响的声音环境。声环境质量标准，是指为防治环境噪声污染、保护和改善生活环境、保障人体健康、促进经济和社会发展而规定的环境中声的最高允许数值。

2008年10月1日起实施的《声环境质量标准》规定，按照区域使用功能特点和环境质量的要求，声环境功能区分为5种类型，对应不同的环境噪声限值要求。

0类声环境功能区指康复疗养区等特别需要安静的区域；

1类指以居民住宅、医疗卫生、文化教育、科研设计、行政办公为主要功能，需要保持安静的区域；

2类指以商业金融、集市贸易为主要功能，或者居住、商业、工业混杂，需要维护住宅安静的区域；

3类指以工业生产、仓储物流为主要功能，需要防止工业噪声对周围环境产生严重影响的区域；

4类指交通干线两侧一定距离之内，需要防止交通噪声对周围环境产生严重影响的区域，又分为4a类和4b类两种，4a类为高速公路、一级公路、二级公路、城市快速路、城市主干路、城市次干路、城市轨道交通(地面段)、内河航道两侧区域，4b类为铁路干线两侧区域。

根据老年人生理上的要求，适宜的声环境应为1类以下，最好为0类。老龄建筑的临街外墙和外窗应当有良好的隔声措施，两户之间的隔墙和楼上楼下的楼板也要采取隔声措施，以避免相互干扰。

2. 光环境

光环境包括天然光环境与人工光环境两个部分，具体分为日照、采光、照明三个方面。

光是人居环境的要素之一，人类生存离不开光。光刺激视觉，人们80%以上的外界信息来自视觉。

自然光的周期变化控制着人体生物钟。阳光制造维生素，使人体机能保持正常。老年人更需要获得充足的日照防止骨质疏松，增强抵抗力。阳光还带给人们心理上的满足、精神上的舒适和放松。

同时，光线也是建筑的灵魂。由于光的存在，人们对建筑的体量、空间、颜色、质感等才得以感知。正如路易斯·康所说，自然光是惟一能使建筑艺术称之为艺术的光。

老年人居室应保证充足的自然采光，还要有足够的日照时间。由于老年人视力衰退，对于光线的照度要求比年轻人高，充分的人工照明必不可少。除一般照明外，特殊部位的局部照明非常重要。

另外，老年人对照度突变的适应性和调节能力减弱，室内光环境设计时，应避免明暗反差过大，还要注意防止光照形成阴影干扰视线。

建筑转弯处、高差变化以及不易识别等处要保证充足的照度，柔和的间接光不会产生强光反射和眩光。避免光线直射眼部所及区域。

我国于2004年6月颁布了《建筑照明设计标准》GB50034—2004。该标准于2004年12月1日开始实施。这是我国在建筑照明方面新的全国通用标准。

3. 热环境

热环境包括室内热环境和室外热环境。室内热环境是指室内空气温度、空气湿度、室内空气流动速度以及围护结构内表面之间的辐射热等因素综合组成的一种室内环境。室外热环境要素主要有气温、空气湿度、风速与风向、降水、日照与太阳辐射、蒸发等。

建筑热环境的主要内容有建筑保温、建筑室内湿环境控制、建筑日照、建筑防热、建筑中的太阳能利用、建筑节能等。建筑热环境控制的主要目的就是如何在节约资源和能源的前提下，满足人们的室内热舒适需求。

由于老年人新陈代谢功能衰退，身体免疫力和体温调节能力下降，对于室内外热环境的要求较高。老龄建筑要尽量使各个房间的温度均衡，冬季采暖和夏季空调都要适度，并注意空调不能直吹老人。良好的通风和空气湿度也要注重，并根据各地区特点进行设计。

4. 无障碍环境

无障碍环境是指无障碍居住环境和无障碍社会环境。

无障碍居住环境主要要求：城市道路、公共建筑物和居住区的规划、设计、建设应方便残疾人通行和使用。如城市道路应满足坐轮椅者、拄拐杖者通行和方便视力残疾者通行，建筑物应考虑出入口、地面、电梯、扶手、厕所、房间、柜台等设置残疾人可使用的相应设施和方便残疾人通行等。

信息感知的无障碍也是无障碍环境的重要组成部分。信息感知无障碍是指针对视觉、听觉、嗅觉、触觉等感应功能弱化或缺失的使用者，能够无障碍地获得信息，进行交流。通过增加信息刺激强度（如色彩、造型、声音、光线、目标大小等方面）或通过其他信息感知途径对使用者感知信息提供帮助。具有代表性的包括：影视作品、电视节

目的字幕和解说，电视手语，盲人有声读物等。各类标识系统、操作面板上的字体应稍大一号，提高对比度，多用易懂的图形表达文字意义，标识系统应设置在醒目位置，且应利于使用者可以从不同的角度看到标识的信息。通过材质和色彩的变化提示高差、转弯，电梯宜同时有面板显示和声音提示层数的系统等。

无障碍环境不仅是残疾人走出家门、参与社会生活的基本条件，也是方便老年人、妇女、儿童和其他社会成员的重要措施。无障碍环境能有效地改善老年人的生活环境，体现社会对所有公民的关心，是社会进步的重要标志。加强无障碍环境建设，是物质文明和精神文明的集中体现，也是应对老龄化社会采取的有效措施之一。

1986年7月，建设部、民政部、中国残疾人福利基金会共同编制了我国第一部《方便残疾人使用的城市道路和建筑物设计规范（试行）》，于1989年4月1日颁布实施。现行的《城市道路和建筑物无障碍设计规范》于2001年8月1日起正式实施。

5. 人体工学环境

所谓人体工学，在本质上就是使空间的尺度、道具的使用方式尽量适合人体的自然形态，这样就可以使人们在空间内使用道具时，身体和精神不需要任何主动适应，从而尽量减少在空间内使用道具造成的疲劳和不适。

人体工学环境是通过研究各种人体尺寸及尺寸规律，以适应人体的生理和心理健康需求的环境（图5-1、图5-2）。

老龄建筑中，以老年人体的模型尺度为测量依据，推导出建筑各活动空间和建筑细部尺寸。老年人体最明显的

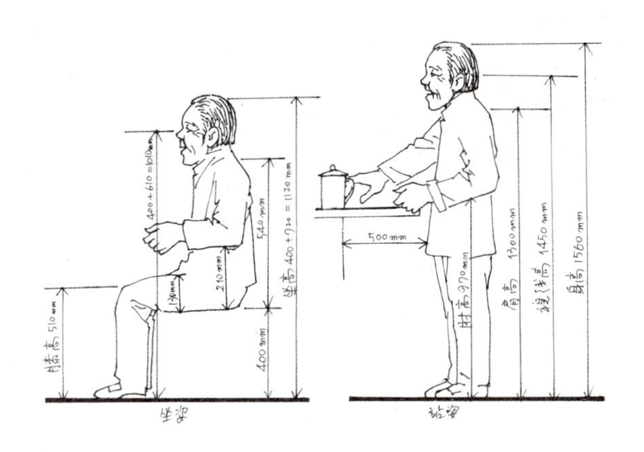

图5–1 健康老年女性活动的尺度

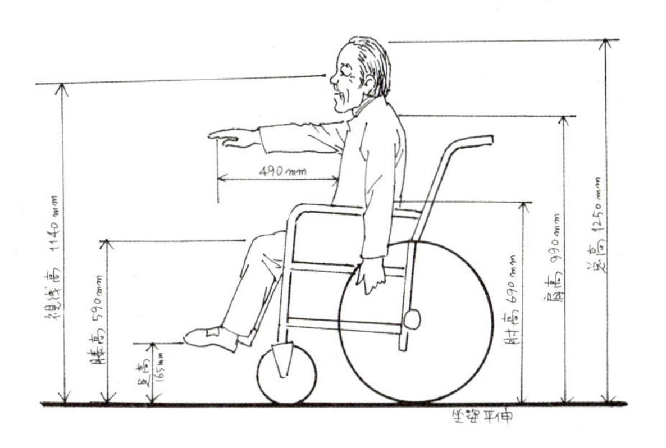

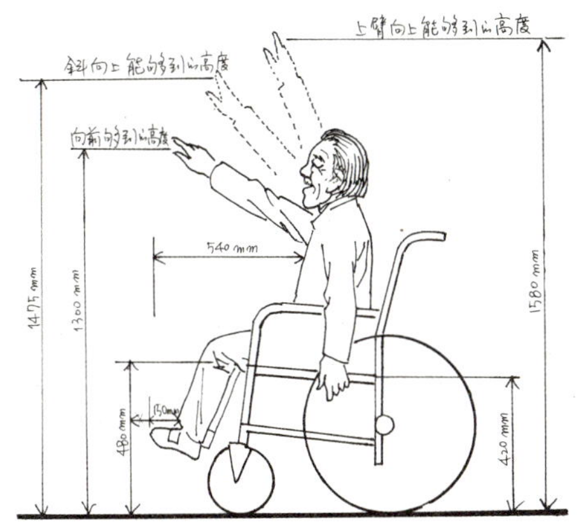

图5–2 坐轮椅老年女性活动的尺度

变化表现在身高上缩短，一般人到60岁以后身高会比年轻时降低2.5%~3%，最多可达6%。各国家人体的尺寸略有不同，要根据本国情况制定相应的标准。相对而言，日本的尺度偏小，欧美的尺度略大，中国应介于二者之间，有分析地借鉴引用，切忌拿来主义、完全照抄照搬。

5.1.3 老年人的心理需求和社会需求

老年人的心理需求主要表现在对安全感、归属感、邻里感、家庭感、便利感、舒适感，以及受尊重和被关怀都有更强烈的需求。

1. 安全感

安全感需要多层次的环境条件，如社会环境、自然环境、工作环境、居住环境等等，其中居住环境对安全感的影响最为重要。

老年人由于生理机能的衰退，对自身安全的保护能力也随年龄的增加而相应降低。安全感是老年人居住环境和老龄建筑设计中应首要考虑的重要因素。

2. 归属感

心理学研究表明，每个人都害怕孤独和寂寞，希望自己归属于某一个或多个群体。如家庭、工作单位，加入某个协会、某个团体，这样可以从中得到温暖，获得帮助和爱，从而消除或减少孤独和寂寞感，进而获得安全感。归属感分为对人、对事、对家庭、对自然、对社会的归属感。

老年人退休后，渐渐脱离工作单位和团体，但不应脱离社会，不能降低归属感。所以，为老年人提供相应的社会保障，创造良好的居住环境，增强或重新获得归属感也是老年人居住环境和老龄建筑设计的重要方面。

3. 邻里感与家庭感

邻里与家庭是老后生活的主要心理依托，老年人的大部分时间都是在家里、在邻里环境中度过的。老人居住的房间与外部环境，对于亲密邻里关系和家庭关系有着积极的补充作用。

在规划和设计老龄建筑时，亲切宜人的院落空间、户外活动小憩的场所，都有利于邻里关系和互动活动的形成。在老人住宅入口、候梯厅、通道等公共空间可创造一些老人偶遇的契机和场所，有助于老年人建立并发展融洽和谐的亲情关系。

4. 便利感与舒适感

享受到便利的生活服务、在舒适的环境中安度晚年，是很多老年人的心理需求。便利感与舒适感体现在室内外环境的很多方面。比如：室内空间的合理布局和划分、设备器具的人性化设计、良好的日照通风环境、室外清新的空气、安静的区域、丰富多彩的园林绿化景观，随着老年人物质和精神文化生活的不断提高，对于居住环境的便利性和舒适性的要求也在不断提高。

5. 受尊重与被关怀的需求

由于衰老、病痛及生活和社交能力的减退，老年人的自信心也随之丧失，从而导致老年人易产生自卑和不受尊重的感觉。因此在接触或照顾老年人时，首先要尊重他们，在尊重的基础上，关怀老年人的生活，接纳并认同他们的感受。比如：主动打招呼，耐心听取意见，经常与老年人交流，了解他们的需求，从而消除他们的失落感和孤独感，使他们充分感受到家庭和社会的温暖。

老年人的社会需求主要表现在参与社会活动、社会交往、余热发挥、体现价值以及享受晚年生活等方面的需求。

人从出生到25岁，基本上是在获取、学习、吸收。从25岁到60岁，是付出、工作，为家庭、为社会作贡献的阶段。而只有退休以后，是主动地为自己生活，可以做自己喜欢的事情，有时间、有精力去实现自己年轻时的梦想和人生目标。老年人的社会需求不容忽视，活出自我、活得精彩、活得有品位有质量，才算没有虚度人生。

一般来说，75岁以下的老人很多人依然健康，精力充沛，这些老人的知识、经验和对人生的理解都是宝贵的社会财富。通过参与社会活动、增

加社会交往，有效地发挥余热，能使老人感受到自身价值和成就感，从而更加有利于老人的健康。

在规划和设计老龄建筑时，要充分考虑到老年人的这些需求，提供相关的支援和技术保证，积极有效地把符合老年人生理和心理的需求体现到设计及规划当中。

5.1.4 维持年老后生活的必要条件

伴随着老年人在家庭、社会的不同的养老方式，为老人的生活提供方便的建筑和设施得到了相应的发展。针对老年人不同时期的特征及需求，建筑类型和要求也相应有所不同。

老年人按照健康状况可分为**三个时期**：自立期（日常生活可以自理）、半自立期（身体局部有病症者）和卧床期（生活不能自理需要卧床护理）。维持年老后生活的必要条件见图5-3。

自立期老人有独居老人和子女同住型两类。独居老人在家中养老，要重点考虑其安全性，并方便接受社会化服务。也有选择在敬老院、老年公寓集聚生活者，要充分考虑自立期老人的衣食住行特点以及生理和心理的特殊需求，同时，能让老人发挥余热，体现人生的价值和意义，更有益于老人的健康。子女同住型老人要在规划设计中考虑三代同堂居住的问题。可以是同户型居住，也可以同楼、同层、同社区的邻居形式。可在亲情社区中设置2+1房或3+1房的户型进行安置，社区规划中要配置适当规模的幼儿园。社区内不仅要满足老人衣食住行的需求，还要提供精神层面的文化娱乐需求。

半自立期要按照老人的健康等级和特殊需求，提供相应的不同级别的生活辅助服务。建筑也要根据老人身体机能的衰退提供相应的辅助援助，依靠相应的设施设备帮助老人尽可能地自立生活。比如，要考虑腿部疾患的老人，还有听觉、视觉等障碍的老人。对于认知症（老年痴呆）的老人，需要根据其特性给予特殊的照料，建筑类型和设施要求都有所不同。这些都体现在我们具体的老龄建筑策划和规划设计工作中。

卧床期分为日常护理和医疗护理。日常护理的老人可按照疗养院式的护理方式建设护理型老年公寓，应有别于医院的病房，营造家庭的氛围。需要医疗护理的老人可安置

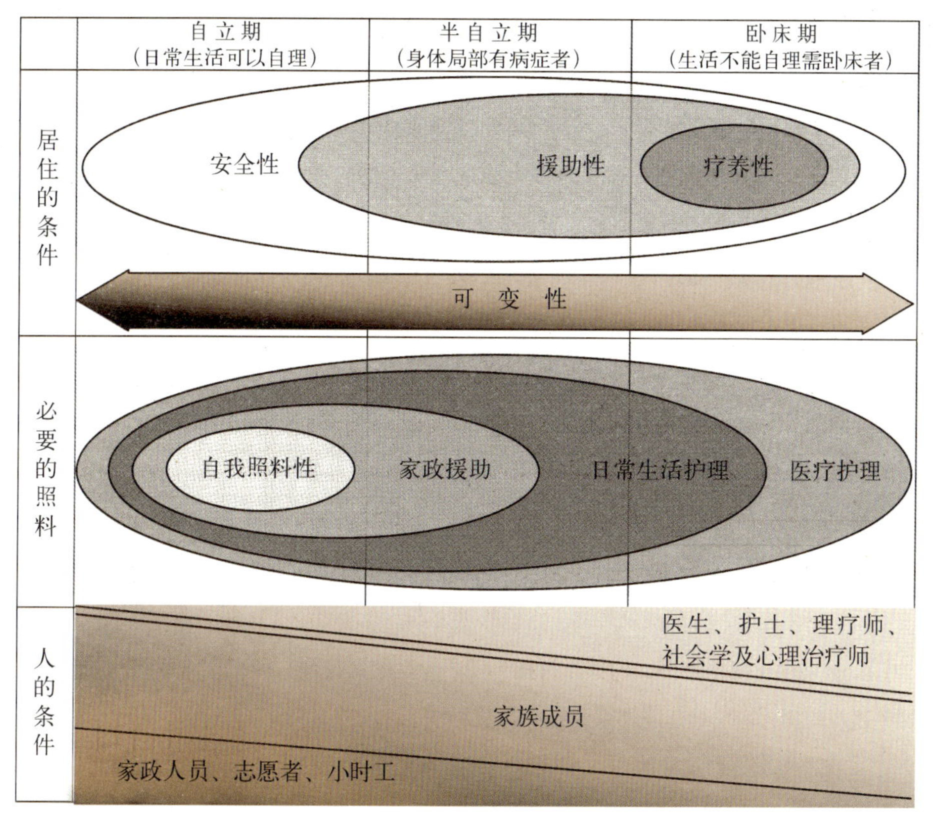

资料来源：根据日本「建筑计画·设计シリーズ」编译并补充绘制。

图5-3 维持年老后生活的必要条件

在老年医院的病房中，治疗期结束后回到日常护理的老年公寓居住，接受日常护理和康复训练。针对不同的慢性病、老年病，设置相应的康复训练场所和设备，突出其疗养性。除此之外，对卧床期老人的心理安慰和心理疏导调整不容忽视，体现在建筑上，空间开敞通透、日常生活动线缩短、标识简洁明了、色彩搭配合理等等都需要综合考虑。这些内容都是提高老年人生活品质的必要条件。

另外，老人的健康状况是动态变化的。老龄建筑要适应动态的发展变化，提供持续性关照。这就需要根据不同的需求，更加细化各类老龄建筑，使每一位老人都能得到不同程度的关照。

为了老人寻求独立生活，并能得到社会多方面的援助，近年来在建筑设计、建筑材料和建筑设备方面的相关技术和措施都有了很大的进步。有的措施十分简单，比如说在电梯里和楼梯平台上专设凳子，在适当的位置安装扶手等，它们可以使许多老年人在宅养老而不必进入养老院。在国外，较为复杂的用具也在研制之中。例如：安装报警装置，这种装置可以监督老年人的基本情况，如血压和心跳次数等等，如遇紧急情况，只需按一下按钮，便可迅速得到帮助；装有全球定位系统的轮椅以及配有电脑的助步架，以便发现障碍和畅通道路；智能化的轮椅和睡床帮助卧床期的老人减轻病痛，提高生活品质。同时，城市规划者也开始发展随处方便老人的社区，人行道上没有任何可能绊倒年迈腿脚的裂缝和突起物，宽带把社区的居民连接起来，无障碍的居住环境为长寿社会提供了基本保障。

总之，在规划与建设老龄建筑时，应主要围绕以下三个方面的要求进行。

1. 安全性。老人的身体机能会随着年龄的不断增长而逐渐衰弱，保证安全是老龄建筑中需要高度注意，并积极采取相应措施的重要点。

2. 援助性。使用扶手、轮椅以及相应便于操作的器具等，帮助身体不自由的老人。这些追加的援助性器具，应该满足大多数老人的需求。

3. 疗养性。要考虑使卧床疗养者舒适，并且能够减轻护理者的负担。要尽可能使环境具备安全性、援助性，方便所有人的使用。

5.1.5　各种老龄建筑间的位置关系

在老龄化问题引起普遍重视之前，医院是支撑保健、医疗、福利制度的重要设施之一。随着老龄化社会的到来，产生了根据职责将医疗设施的功能进一步划分的必要性。健康的生活能够自理的老人，需要增进健康、预防疾病的保健、体检、福利设施。经住院治疗康复的老人，其身体机能需要长时间恢复，还有一部分需要进行长期疗养的患者，于是介于医疗与福利之间的服务设施便应运而生。同时，区别于普通住宅的，附设生活、护理服务的老年生活辅助住宅及其社区，也极为必要。这就是我们第二章提出的新型“在宅养老”社区的理念。

老龄建筑与医疗设施、福利设施具有许多相似相近之处，又有明确的职能划分，各种设施相互联系，并在相应的位置上发挥其功能。见下图（图5-4）所示。

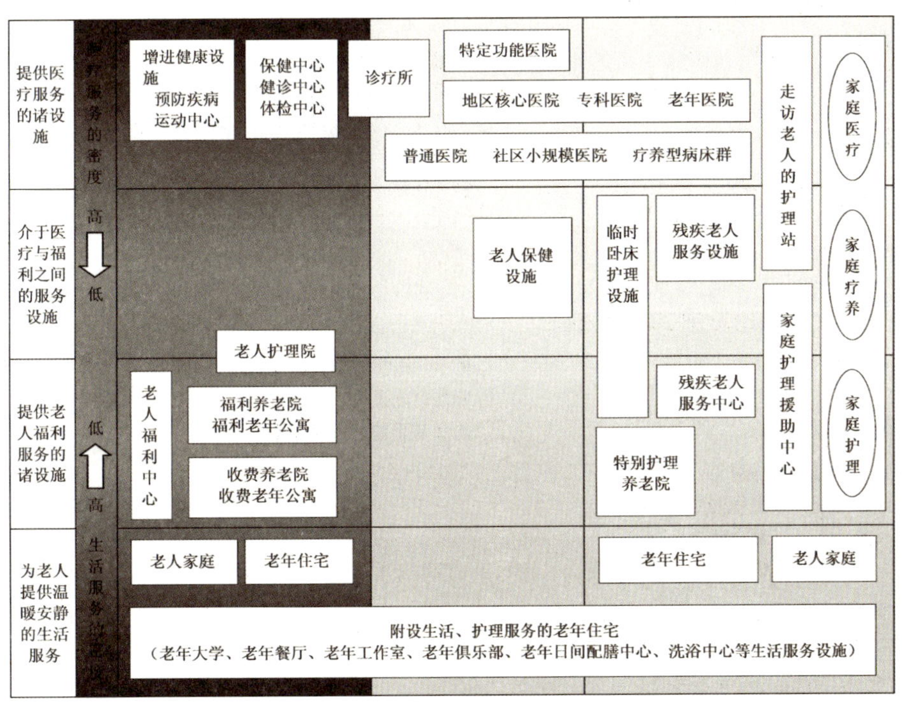

资料来源：根据日本「建筑计画·设计シリーズ」编译并补充绘制。

图5-4 各种老龄建筑间的位置关系

5.2 老龄建筑设计的重点－Point

老龄建筑设计中针对不同的功能及要求，需要采取多方面的对应。这里仅将通用的、重点的部分列举一二，更多的细节问题可以在今后具体项目的实施设计中不断体现。

表5–2 老龄建筑设计中的重点

类别	项目	要点	要点
安全性	日常生活的安全性	○地面无高差 ○使用防滑的地面材料 ○在入口、楼梯、浴室、厕所设置扶手和凳子 ○扶手的形状要易于老人抓住 ○尽量避免易伤人的阳角暴露 ○在低矮处不要放置障碍物	○从卧室到厕所的通路宜使用低的照明或地灯 ○楼梯踏步的材料要选用易识别梯段的颜色和材质 ○开口处的玻璃需要考虑其位置、尺寸、材质 ◎在适当的地方设置消除高差的设备 ◎公共部分和私密部分的扶手要连贯 ◎地面和墙壁的材料宜使用有弹性的材料
安全性	紧急时的安全性	○浴室和厕所一定要采用推拉门或外开门 ◎在浴室、厕所、卧室等设置紧急通报铃 ◎警报要选用视觉、听觉、体感等多方可感知的灯等方式	
便利性	易于行动和使用	○厕所与洗脸间要临近 ○低楼层也需要有电梯 ○尽量采用推拉门 ○入户门的门锁和钥匙要便于老人开启	○走廊的净宽不少于900mm ○储藏空间的位置和形状要便于使用和取放 ◎洗脸盆、洗菜盆的下部要留有脚伸入的空间
便利性	操作简便轻松	○门、水龙头的把手都要使用搬把式 ○各种开关、按钮，都要使用大号易于操作的	○操作按钮、开关及插座的高度和位置要仔细考虑 ◎门厅、大堂的出入口选用自动门
便利性	易于识别一目了然	○标识标牌要大一些，清晰明了 ○标牌配色要易于空间的识别 ○要考虑门铃、电话铃、紧急通报铃的音量和音质易区别	
舒适性	身体的舒适感	○采用明亮的、连续的照明 ○尽量采用间接照明 ○避免室内不同空间产生较大温差	○厕所、更衣室等需要设置暖气 ○确保室内通风、采光，保持良好的室内环境 ○选用易于清洁的材料及节点
舒适性	精神上的舒适度	○确保墙壁的隔声性能，夜间无噪声 ○建筑及装修中巧妙使用能引发美好回忆的材料或物品 ○采用易于和亲友交流的方案，营造温馨氛围 ○考虑有中庭等供人休闲、交流的空间	
适应性	对应身体机能衰退	○设置扶手的位置需要做好牢固的基底，以便于追加 ◎在最初设计时就要考虑到不同病症、不同程度、不同年龄老人的需要，以应对老人入住后身体机能的衰退	
适应性	对应居住方式变化	○采用灵活可变的布局应对居住方式的变化 ◎要适应随着时代的推移导致的需求的变化	

注：○ 表示第一等级，是必须设置的项。 ◎ 表示第二等级，尽可能的设置。

简单来说，老龄建筑设计上的重点是以安全性、援助性为中心展开的。如：

1. 地面保持平坦，无高差，特别是用水的场所更要格外小心——安全性

2. 所有的入口、楼梯、走廊，都要安装扶手——安全性

3. 走廊、浴室、卫生间要留有充裕的空间——援助性

4. 门的把手、水龙头还有各种开关，都要使用大号易于操作的——援助性

5. 尽量采用推拉门——援助性

将其细化为更加详尽的对应方法，从安全性、便利性、舒适性和适应性的角度，归纳如表5-2。

在每个不同功能的空间，还会有更加细致入微的综合考虑和统一协调，包括一些细部的节点做法，这里不一一细述了。只要记住一点，老龄建筑设计中最重要的就是细节，设身处地站在老人的角度去考虑每一个环节，就一定会得到满意的结果。

5.3 设备及环境设计的要点－Essential

上一节讲到了安全性、舒适性和操作的便利性，为了长期维持良好的居住性能，还需要信赖性、保全性、更新性、效率性和环境适应性作保证。这些是要靠建筑设备的品质来保证的，建筑设备及环境设计的优良，也是决定居住环境舒适度的关键。比如：随着年龄的不断增加，人的视力、可视度、识别性、焦点调节力以及对照度变化的适应力等视觉机能都会有所下降，在照明设计中，就要考虑调节照度和照明器具，补充改善由年龄增长所带来的不足。

下面分别介绍一下建筑设备及环境设计的要点，为便于查看，还是采用列表的形式归纳整理如下（表5-3）：

表5–3 老龄建筑中设备及环境设计的要点

照明设备	照度	○老年人所必要的照度应为年轻人的1.5～2倍 ○室内各个房间的照度需要有连续性 ○整体照明和局部照明并用
	器具	○安装要牢固，并便于清洁 ○选用通用的、节能的、廉价的灯头 ○应以省电、节能、耐用的荧光灯或节能灯为主 ○卧室里宜采用间接照明，避免刺眼的光源 ○有高差的地方及卧室到厕所的通路要考虑地灯 ○要有紧急照明以应对临时停电
开关及插座	开关	○开关的触摸面要尽量大些，要选用有夜光的型号 ○根据房间用途不同，需要能调节照度的调光开关 ○调光开关的旋钮部分应尽量选择大号易于操作 ○根据使用需要，最好将开关分为3路或4路
	插座	○在各个有可能使用的位置多设置插座，尽量避免延长线 ○根据使用需要，必要处使用带有长明灯的插座
	安装位置	○要考虑老人关节的柔软性降低、不易弯腰等特性，须将靠近地面的插座位置提高些，而将开关的位置降低些 ○必要的场合，还要考虑坐轮椅者使用的需要
电梯设备	客梯	○无论楼层高低，都应设置供老人使用的电梯 ○为防患于未然，特别是有认知症（痴呆）老人的设施内，在电梯和楼梯出入口宜设置刷卡机或密码装置 ○电梯轿厢内要考虑轮椅及担架能进入 ○轿厢内需设有扶手及供坐轮椅者使用的后视镜 ○老人及坐轮椅者行动较缓慢，电梯门的开启时间要相应长些，电梯入口不能有高差
防范设备	防灾	○厨房料理器具采用电磁炉会比燃气炉更安全 ○如果采用燃气炉，要安装燃气泄漏报警器、火灾感应器以及简易型喷淋设备
	防盗	○有必要时，考虑在门、窗等开口部设置防范报警器 ○入口、走廊等公共部位设置防范摄像头，时时监控
	紧急时通报	○在卧室、浴室、厕所等适当的位置设置紧急通报铃 ○通报铃的按钮有显示开关的灯，要适合体弱无力者使用 ○通报铃的接收器，设在家人常在或委托的护理服务机构

<table>
<tr><td rowspan="4">卫生设备</td><td>上水（冷、热水）</td><td>○保证多处同时使用时具备稳定的、充足的流量
○选用节能、节水的型号
○采用具有较高更新性能的配管及施工技术</td></tr>
<tr><td>热水器</td><td>○热水器要置于便于维护清理的位置
○避免选用多功能、操作复杂的器具，简单且安全为佳
○尽可能采用利用太阳能等自然能源的系统</td></tr>
<tr><td></td><td>○选用节水型器具
○大便器与小便器最好分别设置
○小便器不要采用悬挂式，容器尽可能大些
○坐便器的坐圈宜选用可发热并具备洗净、脱臭、除菌功能
○洗手盆宜大，下部要考虑轮椅进入的空间</td></tr>
<tr><td>水栓器具</td><td>○采用易于操作的单口搬把式水龙头
○为防止烫伤，宜选用具备调温机能的恒温装置
○根据使用需要，必要处使用自动出水龙头或手动喷淋式混合水栓</td></tr>
<tr><td rowspan="2">换气设备</td><td>换气量</td><td>○确保对湿气、臭气的换气量要高于法规所规定的量
○根据入住人数及实际使用状况、使用频度确定换气量</td></tr>
<tr><td>换气方法</td><td>○建筑平面布局中尽量考虑通风问题，以自然换气为主
○根据需求，考虑自然换气与机械换气并用
○设施整体要有节能的计划换气系统
○根据使用需要，可采用全热交换系统</td></tr>
<tr><td rowspan="3">空调设备</td><td>环境要件</td><td>○老年人对温度的适应能力下降，所以要考虑冷热空调
○冷热风的温度设置，要比一般人偏高，无明显温冷感
○力求没有上下温度差和水平温度差的室内环境
○各房间的温度差不宜过大，应控制在最小限度
○老人卧室内的空气流速宜缓，特别要注意床周围的风速分布
○有老人居住、活动的房间，出风口要避免直接吹出</td></tr>
<tr><td>系统</td><td>○要重视供暖，即使是在南方城市，也需要暖风系统
○机器设备等选择静音系统
○有适当的加湿机能
○避免使用明火的设备
○选择空气清洁度较高的设备
○探讨研究利用太阳能等自然能源的系统
○选用维护管理及使用操作尽量简单的设备及系统
○采用运营成本等经济负担较小的设备及系统</td></tr>
<tr><td>设置位置</td><td>○尽量避免机器暴露伤人，宜设置在墙壁、吊顶、地面内
○在厕所、浴室、更衣室等皮肤直接与空气接触的场所，或者长时间站立操作的厨房等处，要考虑设置局部采暖</td></tr>
</table>

上述归纳的建筑设备及环境设计的要点，还只是一个大的原则和要求。在具体的实施设计中，要结合平面功能和使用要求，有针对性地采取一些措施，要满足老龄建筑安全性、舒适性和操作的便利性，以及信赖性、保全性、更新性、效率性和环境适应性等多方面的要求。

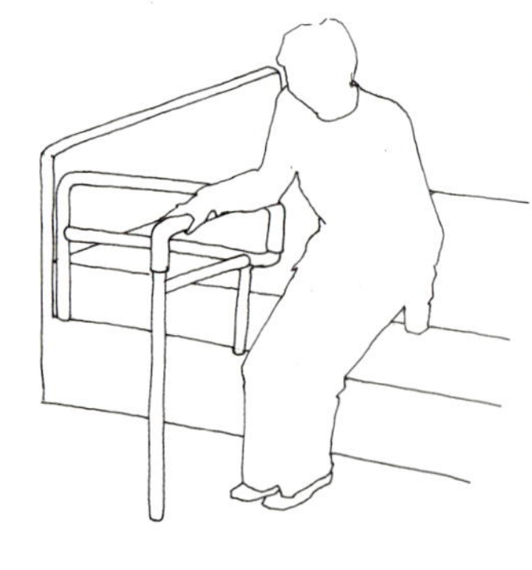

5.4 老年用品和设备产品介绍－Products

随着社会老龄化的推进，老龄化问题日益受到全社会的普遍关注。现代的中国老人，早已不满足衣食无忧，他们希望在自己的小天地生活得更加精彩，年轻的心态让老人们仍有旺盛的求知欲、自我实现欲，充分体验并享受生活。

今天，在中国到处可见精神矍铄的老人，他们学习新知识，上网、写作，练习书法、绘画、舞蹈，参加老年人时装表演和各种体育锻炼，以及旅游、娱乐、健身、养生等等。为此，与之相派生的产业——老年用品和设备产品成为关注的焦点之一。 老年用品和设备也是从安全性、援助性、便利性出发的产品，是老龄建筑中不可或缺的重要一环。

5.4.1 老年生活进行时

老有所敬、老有所养、老有所学、老有所用、老有所乐、老有所医、老有所终，老年生活进行时就在这样高质量的生活氛围中拉开帷幕。

6:00 清晨，功能性的照明装置使老人从睡梦中逐渐醒来，柔缓清新的音乐按照提前设定好的时间轻轻响起，萦绕在温馨优雅的卧室中，新的一天开始啦！

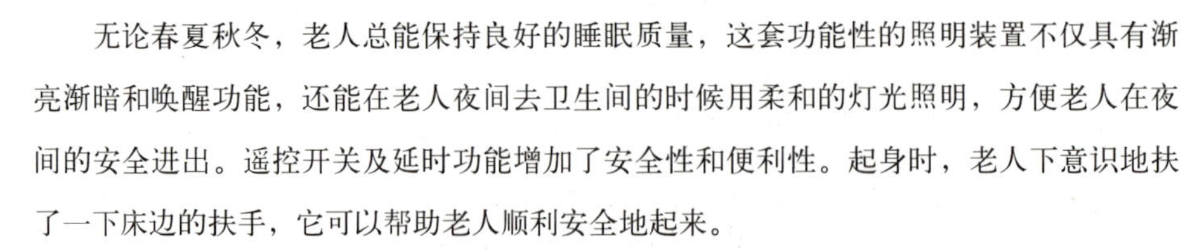

无论春夏秋冬，老人总能保持良好的睡眠质量，这套功能性的照明装置不仅具有渐亮渐暗和唤醒功能，还能在老人夜间去卫生间的时候用柔和的灯光照明，方便老人在夜间的安全进出。遥控开关及延时功能增加了安全性和便利性。起身时，老人下意识地扶了一下床边的扶手，它可以帮助老人顺利安全地起来。

6:10 卫生间，辅助动作类扶杆帮助老人行动自如，防滑的地砖地垫让老人倍感安全。老人靠近坐便器时，感应式坐便器盖自动翻开，坐便器在改装后更适合老人使用，高度合适，两侧的扶手便于起坐，控温的坐垫即使在寒冷的冬季和炎热的夏季都能让老

人感到舒适。如厕后，自动冲水，随着老人离开，坐便器盖自动盖好。省去老人弯腰的同时，也更加卫生。

6:30　每天的晨练从未间断，出门的时候，老人手里扶握的辅助动作扶手帮助老人轻松穿起舒适的鞋子。小区公园，是老人聚集的地方，老人们悠闲的舞太极、做晨操、抖空竹，最近新添的老年休闲游戏更让老人们乐在其中。

7:30　早餐前准备。老人胸前佩戴着提醒功能的小药盒按时叫响，定点服药之后用腕式血压计测量血压，保持良好的习惯是促进老人精神愉悦和健康长寿的秘诀。

8:00　早餐时间。丰富的早餐可以保证老人充分的营养，由于年岁的增长，牙齿的功能衰退不可小觑，大块坚硬的食物已经不适合老人胃口，柔软细腻体积小的营养食品是老人每天必须的餐点。当然，这些食物不仅能保证老人每天所需的微量元素和钙质，还能帮助老人进行生理上的调整。当然，辅助进食的用具也必不可少，便于老人易握的粗柄防滑勺子、叉子以及杯子，还有利于老人分类进食的餐盘。

8:20　邻居老张家的小狗汪汪又来挠门了，熟悉的声音像一首跑调的歌曲，直入老人的心。对老张这样的空巢老人来说，宠物成为他们慰藉心灵的伴侣。新近研发的电

子宠物，可以陪老人说话，高端陪护机器人能够识别不同的老人，为老人检查身体参数，和医生远程交互看病，和亲人子女的音视频聊天，还有娱乐等功能。

门口老张的拐杖发出沉闷的声音，看来已经不适合他这样腿脚不便的人，老人决定将儿子从日本带回来的新型拐杖送给他。望着老张高兴感激的眼神，老人感觉他们都回到了小时候，像两个孩子。

8:40　老人需要出门时，携带式小推车协助老人出行，即使购买再多的东西也不会让老人有太多的负担，小小的推车也承载着老人的快乐，使老人开心度过每个愉快的上午。

9:30　春天的气息越来越浓，小区草地上的嫩芽绽放出崭新的生命。道路越来越宽，入口台阶双侧设置了扶手，在30～40mm左右，十分适合老人扶握。坡道缓了，宽度大了，不远处为老人们设置的休息空间和设施处聚集了很多的老伙伴。腿脚不便的老张，坐轮椅的老李，还有一群可爱的孩子，这些在老人的眼里形成几乎完美的图画。

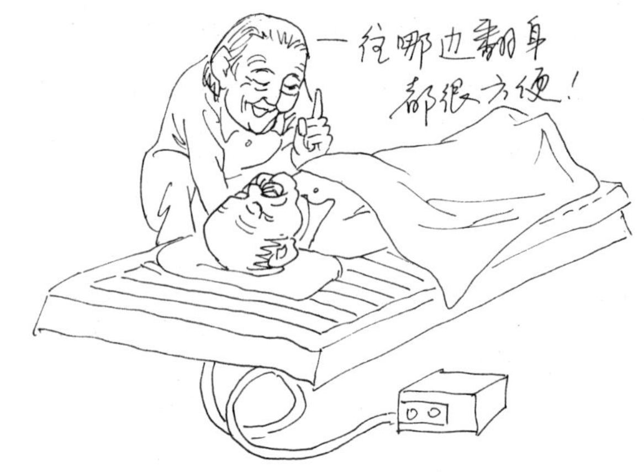

10:30　老人为亲家公专门订购的“超看护气垫”已经到货，这个“超看护”可以辅助因为脑部疾病卧床已经快一年时间的亲家公翻身以及变换体位，并且可以预防褥疮以及减少其他疾病的继发。

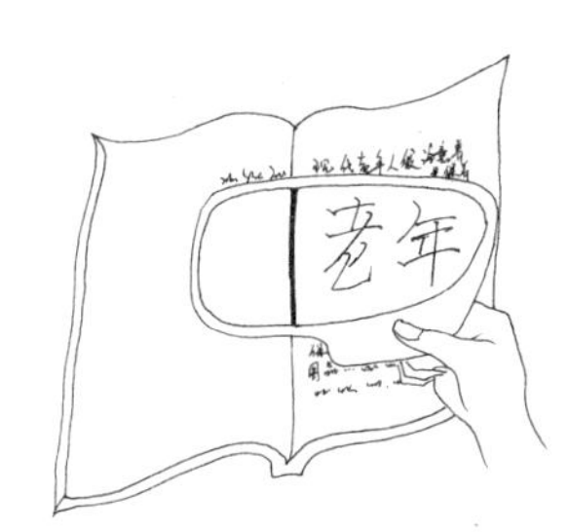

11:00　厨房中，老人正在烧制美味的午餐，高度适中的橱柜便于老人拿取物品，无明火的电磁炉，可以安然自如地来回走动的防滑和无高差地面，墙壁上紧急的呼救系统都可增强老人在厨房的安全感。

12:30　以前，午饭后的阅读让老人感觉有些力不从心，现在有了放大镜的帮助，无论报纸、杂志还是网站，老人都能看得一清二楚。桌上助视器更是阅读、书写的好帮手，是由意大利在国际上首家研制的新一代扩视机。

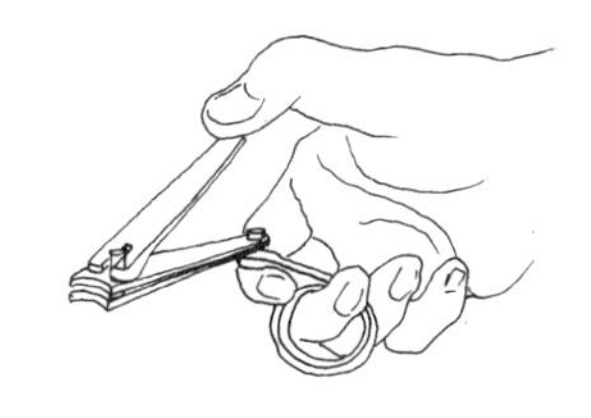

13:00　阅读后的午睡，像童年一样香甜。两侧均可上下的加宽床以及床边的辅助设施是保证老人良好睡眠的前提。天气变暖，老人虽然对温度的变化较敏感，可还是需要厚些的被褥，床边可随手触及的储物空间方便老人随时找到所需物品。

14:30　老年大学的课程准时开始，给老人使用的助听器、给手颤老人扣纽扣的套扣夹、方便老人使用的粗杆笔让老人觉得，和同龄人一起分享喜怒哀乐、知识阅历是快乐惬意的事情。

17:00　带着愉悦的心情，老人回到家里。晚饭不用准备，毗邻居住的儿女会准时通知他用晚餐。傍晚的阳光很温柔，阳台上的花草生机勃勃，老人整理完开放的储藏空间，还利用了这段时间把今天的感受和经历记录在他的博客里。

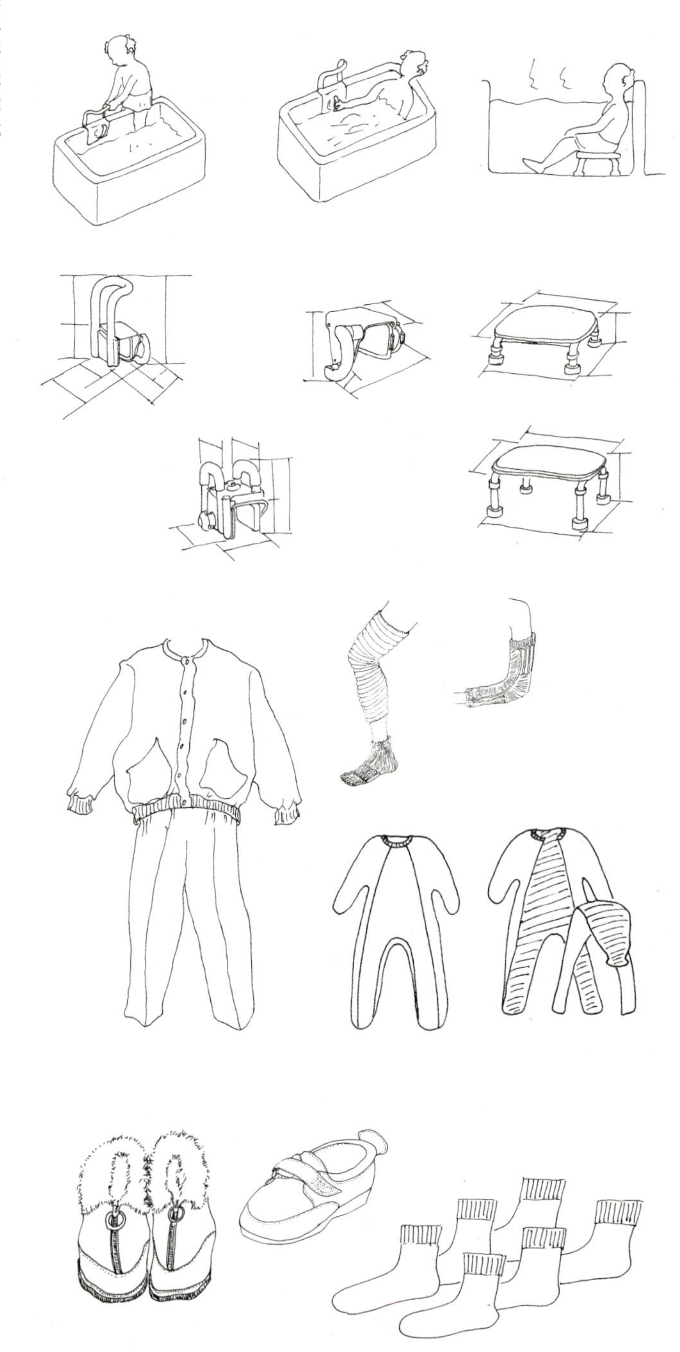

18:00　温暖的晚餐结束后是一家人一天中难得的共同相处时光，老人倾听着也倾诉着。看电视、阅读，都让老人感觉到生活的惬意。小孙子拿着老人带放大镜的指甲刀用稚嫩的声音说：爷爷，我来帮您剪指甲吧？这是个新鲜的玩意儿，不仅对小孩子，对老人来说也是如此，它可以放大指甲的位置，使老人安然的完成平时要小心翼翼才能完成的小事情。

21:00　老人洗澡的时间到了，浴室的各项设施齐备，让老人安心、舒适。

22:00　照明装置启动夜晚模式，老人进入甜美的梦乡。

5.4.2　衣食住行娱乐保健

由于老年用品和设备产品市场还不够成熟，老年人在衣、食、住、行、娱乐和保健方面要受到很多的局限和困扰，对这些方面的产品简单介绍如下。

1. 衣

老年人的着装首先要具备舒适的特点，适合老年人身体特征和生活习惯的服装鞋帽首先要具备一定的舒适度，其次是功能性和美观性。

要具备一定的舒适度首先要考虑服装的面料，老年人适合穿着棉质或丝质的服装，内衣裤要有一定的宽松度，针对后背、关节等需要特殊保护的部位穿着适当的服装。对于生活不便的老人，一些穿着简单舒适的服装为首选。

舒适、防滑、易穿、美观、耐用的鞋子可以增加老人的安全感。鞋的自重尽可能轻，有些带拉锁的鞋方便老人穿脱，即使脚有些肿了也一样穿着舒适。袜子则以纯棉为

佳，不宜过紧过松，根据季节调整薄厚度

2. 食

民以食为天。人到老年，饮食尤为重要，一些老年饮食辅助用品的产生可以帮助老人更好的享受佳肴：

（1）木质等不易破碎的餐具；

（2）容易抓握施力、防滑的用具，如筷子、勺子、叉子等；

（3）针对老人体征而来的特殊形状容器，具有不易脱手、防止烫伤等特征；

（4）没有明火发生的电磁炉或者具有防止燃气泄漏功能的燃气炉；

（5）厨房里安装紧急呼救器，防止老人在做饭过程中发病或有其他状况出现。

至于食品本身，这里就不赘述了。

3. 住

越来越多的老人感觉到现有住宅已经不能满足他们的需要，或者说已经不适应现有住宅的设备设施，那么什么样的设备设施能帮助您更安全更舒适的度过晚年呢？在这里您将找到答案。

（1）根据老人身体特征，房屋内尽量避免高差的发生，如果不可避免，将高差减到最小。为方便老人换鞋坐下与起身，应设置坐凳和扶手。

（2）地面要采用防滑性良好的材质，尤其在卫生间、玄关和老人的卧室。

（3）辅助类、动作类及防护类设施的加入：

A.玄关用辅助站立、动作扶杆；

B.卧室床边及房门附近安设辅助站立、动作扶杆；

C.楼梯间及走廊安设辅助行走扶杆；

D.卫生间的洗手盆、坐便器、浴缸或淋浴附近均需安设辅助站立及防护型扶杆，同时

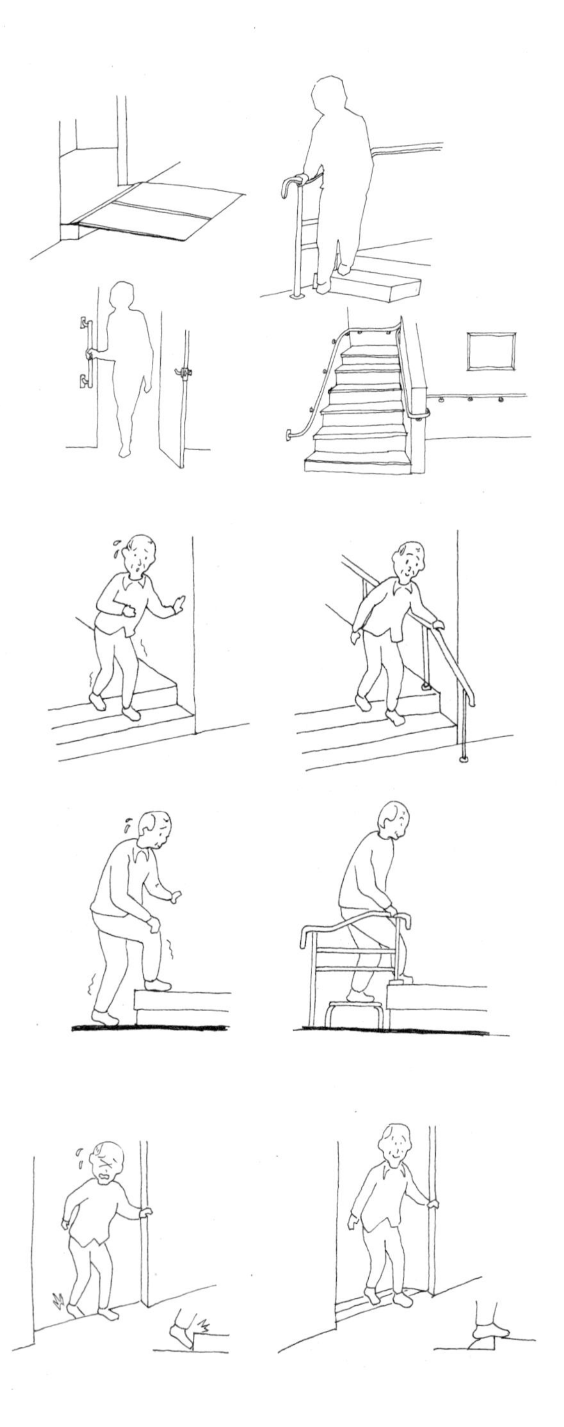

在浴缸外部和缸底设置防滑垫等以防老人滑倒。

（4）楼梯、电梯。步行楼道中的扶手应连续设置，并应从老人行动缓慢等方面着想，留有充分的余地并加强防滑功能。安装扶手的墙体要有一定的强度，保证老人安全。老人设施及住宅楼中应设置担架电梯，并于内部设有轮椅使用的防碎镜及低位按钮，最好设置两部电梯，方便维修时倒换。

（5）起居室。老人坐的沙发和椅子需要一定的硬度，且两侧需要有扶手，高度在400～500mm为宜；能够遥控电动升降的沙发更方便老人起坐站立。起居室内最好备有风扇吊扇，减少使用空调的日数。

（6）卧室。卧床尽可能选择较硬的床垫，床头应放置较高的家具，方便老人起身时撑扶。窗帘最好选择厚重、遮光性好的材料；卧室内足够的储物空间可方便老人随时存放私人物品。

（7）厨房。高度在800～850mm的地柜和操作台适合老人使用；无明火并可自动断电的炉灶可消除老人的安全

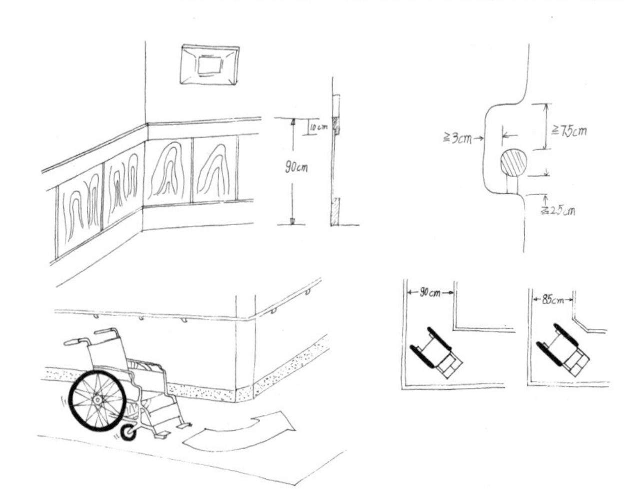

隐患；大量的台面方便老人在洗涤和烹饪时放置物品；紧急呼叫系统的安装可减少老人疾病突发时身边无人而酿成悲剧。

（8）厕所及浴室。防滑地面、防滑垫；防水插座；紧急呼叫器；内外均可开启的门；坐便器、浴缸两侧和旁边便于起身和扶握的扶手；洗浴时可方便老人随时休息或坐浴的凳子。都是厕浴内需要设置的必需品。

（9）阳台露台。较低的晒衣杆及设置在中部高度结实的晒大件被褥的衣杆；低柜及少量台面；放置花盆的空间；方便老人开启窗子而安装的L形把手。

（10）智能化设施的导入

A. 紧急拨号器。当家里没有人而老人遇到危险或急症发作的时候，只要按动紧急拨号器上的专用按钮，拨号器就会不停地向事先已设定好的几个电话上同时拨号，并且在电话接通后播放事先早已录制好的求救录音，达到救助的目的。

B. 智能电话门铃系统。实现听到门铃声即可拿起电话与之对话并且通过电话来开门的目的，楼内各房间之间也可通过电话联系，提高安全性和操作性。

C. 红外报警器。任何不明物体靠近装置区域时，报警器会发出声音提醒老人。安装区域一般设置在玄关、阳台、窗户等处。

D. 将一些高度过高或存在潜在危险的家电全部设置双控开关，与灯的开关并列放置，并且安装遥控器，使其一目了然，提高安全性，比如抽油烟机、电饭煲、洗衣机等。

E. 预留信号传输系统的位置，设置影音传输，实现在外的家人能够看到老人在家的情形，保障安全。

F. 可采用遥控开启门窗的装置，便于老人随时自行操控。

4. 行

行走、出行、行动，对于老年人尤其是腿脚不太灵活的老年人具有一定的难度，有些老人因为这些不便造成了心理和精神上的问题，所以帮助老人自立行走、安全出行、快乐行动的相关用品和设备产品成为老人生活的重要部分。

(1) 手杖，简单常见的辅助性用品，已经随着时代的前进而日渐进步。

(2) 携带式小推车，可以适当承担老人身体部分重量，减轻老人行走阻力，自身有储物空间，并可用来坐着休息，是很多老人短途出行最方便的设备之一。

(3) 轮椅，现代轮椅技术已经达到很高的水平，成为行动不便老人的代步工具，电动轮椅也成为许多老人的交通工具。

5. 娱乐

垂钓、下棋、打牌、跳舞、登山等一系列活动都属于老年人娱乐项目，随着老人用品的拓展，一些益智类休闲活动成为老人的新宠，这些娱乐项目不仅能为老人带来欢乐，并且为预防一些老年病起到一定的作用。

6. 保健

现代老人很注重养生保健，在他们看来，好身体好心情是生活的基础。所以一些保健用品和设备产品是老年人必须的：腕式血压计、电子体温计、按摩器等很受老年人的青睐。

5.4.3　老年产品设计应遵循的原则

目前国内的老年用品市场还处于起步阶段，很多产品是从残疾人用品演变而来，缺乏针对老年人生理特征和生活方式的研究开发，这也是今后我们急需解决的问题。这里引用辽宁工学院奚纯、沈晓东《老年产品需求分析》（2005-11-10）一文中的部分内容，对老年产品分类及老年产品设计应遵循的原则简单介绍如下。

1. 功能合理，有针对性。由于老年人生理机能的逐渐衰退，他们在使用现有的常规产品时存在着一定的障碍，所以，我们在了解老年人有哪些特别的需求以后，有针对性地解决现有产品存在的问题。为老年人的需要而设计，产品定位要准确，功能不要过于复杂。在满足功能的同时，还要符合老年人的行为需求、心理需求、审美需求，使其成为名副其实的老年用产品。

2. 简洁性原则。老年人的生活用品要避免出现尖锐角、凸出物，功能和形态要恰如其分地融合在一起，尽量减少装饰性的形态，重视产品外观的简洁和完整，避免机械性的冰冷，老年人一般接受新事物比较慢，产品造型应在满足功能需求的前提下突出稳健、大方、亲切的感觉。色彩上对比不宜过强，宜采用较明快的中间色调，局部配件可采用较纯的色彩，具点缀装饰性。

3. 易学易用的原则。也有人主张“零”学习原则，所谓“零”学习，并不是不要学习，而是指对产品的使用不需经过专门训练，参照产品说明书，做到一看就会，或者稍加适应和指点就会用。有的产品操作界面使用外文标注，这本身就给老人制造了障碍，何谈使用方便呢？就拿电脑来说，首先是恐惧心理，很多老年人总觉得电脑太先进了，根本无法学会；尽管一些老年人渴望接受电脑教育，但缺乏适合老年人生理特征的电脑产品和有效的电脑学习途径。老年人使用的产品，方便使用这一点很重要，如果产品的使用说明晦涩难懂，会让许多老人产生畏难感，如果经过了学习还不能很好掌握的话，会使老人产生不良情绪，使产品的功能达不到最佳效果。

4. **安全性与可靠性。**针对老年人的产品要杜绝安全隐患问题，需要有更高的安全性能和自保功能。产品在规定的时间和寿命周期内有效地保证规定功能的运行，这是基本的要求。住宅、设施内的供水设备、电器设备、燃气设备不仅要容易操作，还要安全可靠。例如：楼房都使用燃气做饭，燃气总管道、燃气灶上通常各有一个开关阀，正规的操作应是先关闭燃气总管道再关闭燃气灶，可是老人有时忙起来只关其中的一个阀，或是关闭燃气的操作不正规，这样的例子在身边屡屡发生，这就存在许多安全隐患，我们在设计燃气灶时就应多为老人考虑这个问题，可在老人用的燃气灶上安装一个提示器，在违规操作或忘关燃气阀的情况下起到提示作用。由于老年人属于弱势群体，根据产品的使用频率和使用强度，在产品结构设计时，应增加产品结构和材料的强度。界面操作简单化或智能化，让老人能够充分地信任和使用。

5. **质量与定价相符，创老年名牌产品。**老年产品的品种式样都很少，产品科技含量低，不论从产品质量和售后服务上都让老年消费者不放心。就拿老年人的健身器械为例，至今没有叫得响的名牌，很多产品都是由一些小厂家生产的，经常是毛病百出，而且维修也成问题。一方面是厂家觉得“老年市场”不景气，而消费者却觉得现在市场上的老年人用品价格高得太离谱了。一位先生在母亲过生日时想买一个老人积木送给母亲，让老人排解寂寞，他到了几家购物中心去看，一件塑料积木价格差不多在三百多元；再看老年人健身器材，结构简单的没有一件是低于五六百的，结构稍微复杂的售价就要近千元，就连一个给老人活动手腕的活动器也要一百多元。价格贵还不是主要原因，很多消费者反映老年用品的质量太差。很多厂家过于重视产品的功能而忽略了产品的质量，很难做到物有所值。据业内人士分析，现

在市场上的老年产品利润偏高，同其他类产品相比约高60%左右，主要原因是老年市场刚刚启动，还没有形成一定的规模，捷足先登的厂家赚钱心切而轻视了产品质量，品质和实用性才是厂家应考虑的主要因素。目前我国南、北、东、西地域、城乡差异还较大，如何做好老年市场的产品研发与销售工作，也有较大的区别。但提高老年人生活质量的目标是一致的，老年产品的改进和研发要符合如今的社会与市场发展现状。

老龄产业比较发达的西方国家在这方面的成功设计就非常值得我们借鉴。厂商非常懂得投老人之所好，如：法国有祖母咖啡，美国有适合老年人假牙咀嚼的口香糖，日本生产了老年人尿裤尿袋。此外还有老年人使用的脚踏式开关电冰箱，按钮式自动弹簧锁等等。从购买行为看，他们理智购买动机强。讲究经济实惠，使用方便，经久耐用，不易受产品的包装、外观、色彩、广告、销售气氛的影响，极少产生冲动性购买。老年顾客习惯性较强，通常长期使用某种品牌或某个厂家的产品。老年顾客对新产品，尤其是结构较为复杂、性能难以认知、使用不大方便的新产品不易接受，往往是新产品已经被众多消费者接受后才开始感兴趣。他们选择安静的购物环境，期望得到尊重和热情接待，营业员的笑脸相迎、耐心解答会使他们迅速作出购买决定。

我国70%以上的老人是健康的，都能独立生活，对生活辅助用品的需求很突出。从生活方式看老人闲暇时间多。老年人的闲暇活动可分为五类：家务、消闲、锻炼、文化娱乐、社会服务。他们有更多的时间看电视、听广播、做家务、锻炼身体、浏览报纸杂志、出外郊游等活动。好的生活环境可以愉悦老人的身心健康，最大限度地延长他们的生活自理期限。

老年用品也是从安全性、援助性出发的产品，是老龄建筑中不可或缺的重要一环。

上述引用关于老年用品的分类及设计原则，从另一个侧面反映了老龄建筑设计中的理念，也针对老年用品市场提出了独到的见解。下一章我们就针对养老设施，探讨其空间构成及构成要素。

养 老 设 施 及 老 年 居 住 建 筑

第 6 章
养老设施的空间构成及其要素

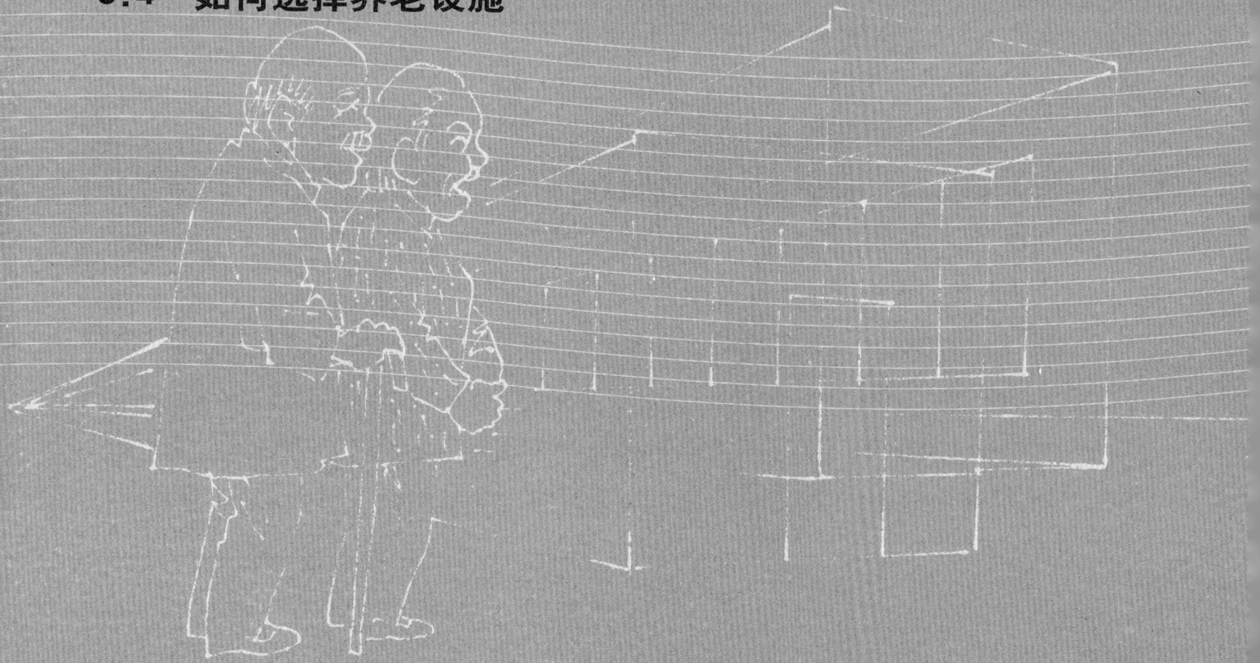

第6章 养老设施的空间构成及其要素

6.1 从老人的行为模式考虑设施的空间构成

这里将以第二章中提出的新型“在宅养老”模式中，设于社区中心的特别设施（暂称为“老年会所”）为例，从老人的行动、行为模式出发，探讨养老设施的空间构成。

养老设施空间构成的目标，要使生活在其中的老人既有归属感，又能拓展其行动半径，既能保证其安定的生活环境，又很容易与家人或同设施中的老人以及工作人员建立一种融洽、和谐、友好的关系。

这个“老年会所”的功能，需要为老年人提供日常的衣食住行及保健护理，也可以接待老年人短期或长期的居住，并为社区内健康的老年人提供就业、交往与娱乐活动的机会和场所。

作为基本的空间构成，这个“老年会所”也和其他的设施相同，由公共空间、半公

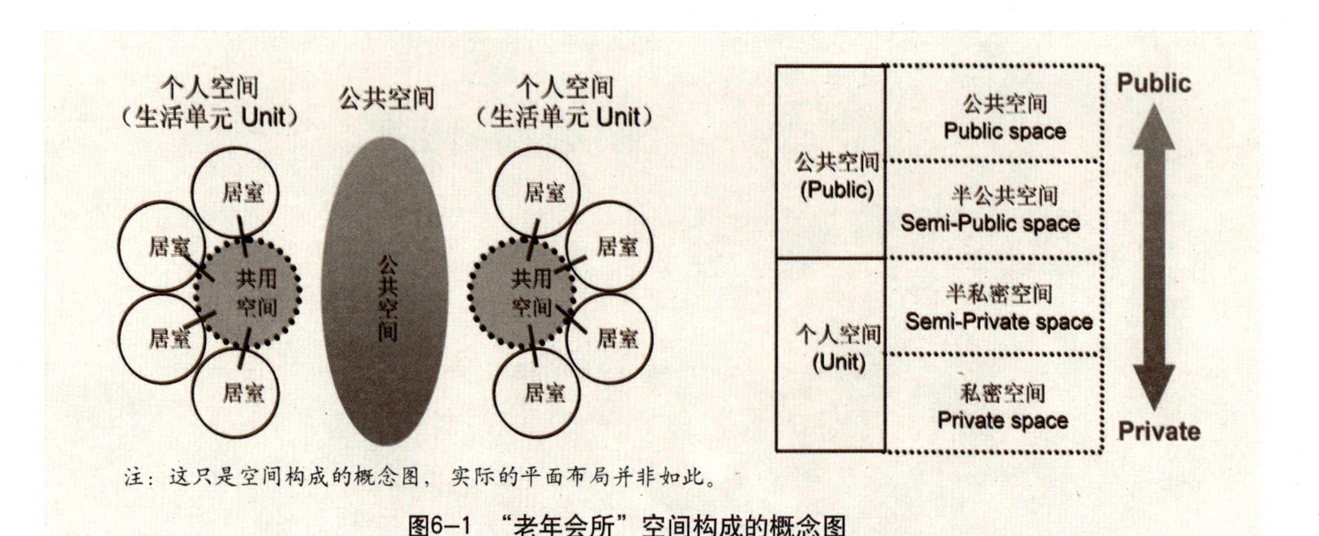

注：这只是空间构成的概念图，实际的平面布局并非如此。

图6-1 “老年会所”空间构成的概念图

共空间、半私密空间、私密空间构成（图6-1）。个人空间可以由几个居室组成一个生活单元（Unit，也称为生活单位），再由几个生活单元与公共空间构成完整的设施空间。

从老人的行为模式出发，上述的各个空间有其特殊的需求，在实际的平面布局中，需要根据老人的特点和特殊需求加以调整并合理布局。下面就分别来看看每个空间里老人的需求。

○ 居室内的生活行为——私密空间（Private Space）

老年人的生活习惯、性格爱好、生物钟周期等是各不相同的。为了保证老人能有自己的生活空间，居室应以单人间为主。居室内的家具、用品，可以由设施统一配置，也可以搬入自己用惯了的、喜欢的家具和物品。这样，既尊重了每个老人的生活习惯和生活规律，还可以促进老人的身心健康，保证其良质睡眠，同时也不必介意他人的视线，给老人一个安逸的、个性化的、自由的空间。

居室的床要考虑便于老人起卧，宜设置扶手，并适当高一些。床下也要便于清扫。床头宜设置插座，便于老人使用电器设备。

○ 排泄行为——私密空间（Private Space）

这是一个隐私的、个人的行为。但是随着老人身心机能的下降，伴随着排泄的一系列行为往往需要帮助。为了维护老人的尊严和私密性，应尽可能在厕所内自立或由护理人员帮助完成。每个居室内需设置独立的、有扶手及其他能帮助老人自立完成这一行为的卫生间。卫生间的门须为双向开启，以避免老人独自如厕时跌倒不能开启。

如果因各种理由不能保证每个房间内设置卫生间时，也一定要在一个生活单元内分散设置几个紧邻居室的较少人数的共用卫生间。每个生活单元内以不少于3个卫生间为宜。

○ 洗浴行为——私密空间（Private Space）

这里的洗浴不是指在居室内的卫生间冲个淋浴，而是设施集中的洗浴中心。对于老年人来说，经常能在光线充足、景色优美的浴池里泡个澡，不仅对身体机能的恢复、血液循环有好处，对老人的心理也能起到缓压、调节、放

松的作用。

尽可能地采用一对一的方式，一个护理人员协助一位老人入浴，更衣室和浴室的空间要考虑老人和护理人员的使用。浴池还要考虑便于行动不便的老人使用，可部分地采取机械式浴池或者可以坐在轮椅上入浴的形式。有条件的话采用温泉洗浴，能起到更好的效果。如果泡温泉时还能欣赏窗外的美景岂不是更增添趣味，所以有条件的话，在浴池上部设置观景的带形窗不失为上策。

更衣室内可以放置小型的洗衣机，便于换下衣服直接放入洗涤。还要考虑取暖设备以及入浴后补充水分的饮水机的位置。

○ 居室以外、生活单元以内的行为——半私密空间（Semi-Private Space）

半私密空间是指在居室以外、生活单元以内的共用空间。老人们可以在这里喝茶、看报、交流，生活单元内的共用卫生间、门厅、花圃、小的谈话及休息空间，都属于半私密空间。生活单元内的起居室和餐厅是其核心。

○ 饮食行为——半私密空间（Semi- Private Space）

作为生活的中心是围绕着起居室、餐厅、厨房展开的。厨房内除了有冰箱、餐具、洗碗机等必需品，还应设置适宜老人参加的操作台。因身体状况不能参加者，也可以坐在旁边，闻着饭香，看着工作人员忙碌。这是餐前准备的一个重要过程，能够培育共同生活的乐趣，享受充裕的、悠闲的时间。所以，把起居室、餐厅、厨房分散到每个生活单元内，更能增添家庭的氛围。

用餐宜分为小桌，可以是4人一桌，也要设置部分2人一桌，偶尔可以全体围合起来聚餐。也可以一个人或与关系好的友人回房间用餐。设计中创造良好的用餐环境和氛围是很重要的。根据老人的高矮胖瘦，餐桌和椅子的高度以及设计风格可以是不同的，这样可以使老人有所选择，同时也使用餐环境富于变化。

○ 起居空间——半私密空间（Semi- Private Space）

用餐之后，有的老人直接回房间休息，也有些老人会留在餐厅或起居室，看看电视、翻翻报纸，或者喝茶、抽烟，和志趣相投的人聊天。这个空间要体现出老人们集体生活的价值，特别要注意其形状和面积，避免面积过大、光线幽暗。

如果整体上面积比较大，应尽可能将起居室与餐厅分开设置。如果没有足够的面积，也可以将起居室与餐厅共同设置。要保证起居室内有足够的采光和日照，并且要考虑窗外的景观。沙发的设置及周边的清洁很重要，沙发的高度和硬度要适合老年人，还要便于清洁。

○ 接待访问者的空间——半公共空间（Semi-Public Space）

亲朋好友来养老设施探望、聚会的空间，在居室内可以接待，在起居室、餐厅也可以。除此之外，可以设置一些多功能空间，接待家属、友人，举行生日聚会、小型家庭式聚会等等。这样的半公共空间会使老人及其亲属都感到愉悦和心情舒畅。

○ 体检及康复训练空间——半公共空间（Semi-Public Space）

老年人生理功能老化、体力逐渐衰退，需要根据老人的身体状况，定期地进行身体检查，并有针对性地做一些康复治疗，帮助恢复其行动能力。

体检中心里除有常规检查外，还可以做一些亚健康的检查，为健康的、能自理的老人做保健及疾病预防。体检中心不仅仅为老人服务，还可以为整个社区服务。

康复训练空间里，除了一些适合老年人的运动和康复器械之外，室内温水游泳池也是帮助老人康复的道具，老人可以在水中行走、做操，以及水中按摩。还需要有老人们能聚集在一起，有专业的护理人员引领做康复训练的场所。

○ 门厅——公共空间（Public Space）

这是老年人进出换鞋的必要空间。尽可能鼓励居住在养老设施里的老人白天外出，参加社会活动，老人多接触社会的同时，白天外出活动还可以改善睡眠。门厅里需要放置几把椅子供老人坐下换鞋，同时安全性也极其重要。一方面是防滑防跌倒，另一方面还有防盗、防止外人闯入的要求。

○ 营造超越生活单元的生活——公共空间（Public Space）

基本的日常生活在生活单元内都可以满足了，还需要营造超越生活单元的扩展空间。比如，兴趣爱好相同的老人一起活动的空间，身心舒适的运动场所，特殊的观景视角，老年大学培训教室，和社区内居民交流活动的场所，还有对外营业的小卖店、茶艺室、咖啡厅等，要让居住在设施内的老人没有封闭感，不脱离社会。这些与设施的经营理念、经营方针有很大的关系，空间设计中也需要注意营造这样的氛围。

○ 老年用品商店——公共空间（Public Space）

这里还想特别强调一下老年用品商店的设置。上一章简单介绍了一些老年用品，在养老设施中需要设置集中的老年用品商店。销售的产品要新奇独特，设计人性化。市场证明，老年人对这些新奇设计与功能非常有兴趣，喜爱之情一目了然，年轻人也表现出极大兴趣和认同感。另外，还要价格合理，质量上乘。老年用品的消费特点，一是价格要合理，合乎承受力，二是质量要可靠，安全、好用、耐用。

除了用品之外，老年保健品及食品也是商店的主营内容之一，注意选择可靠、有效的产品，避免千篇一律。总之，根据老年人需求的多样化，要求老年用品商店的品种要丰富齐全，产品多样。同时还要准备个需求簿，记录老年人提出的每一个个别需求，想办法满足。店内的货架排放要分类清晰明白，让顾客容易找到相应需求的商品，可以用醒目的文字张贴提示。还有，商店内一定要干净清爽、光线好，店内的色调和服务员的态度要温和。

另外，居住在设施内的老人会有体弱多病者，设施的空间构成还要考虑养病或体弱的老人能在病床上看到优美的自然景色以及相互交往的人们，还能够听到自然的、人的声音，与大自然对话、与健康的人们交往，使居住在设施内的老人能够感受到生活气息和生命的魅力。

6.2 在运营体制的基础上探讨空间的构成

为了更好地组织、设置各个不同功能的空间，对于各自不同的运营系统的理解是不可缺少的。这里我们就在运营体制的基础上，从员工的配置、工作体制、情报共有的范围、记录的方法、有无对外委托、厨房的运营系统、物品补充的方法、护士和护工的作用及工作分担等等，来探讨一下设施的空间构成。

○ 生活单元的定员数

居住在每个生活单元的人数，以10人以下为主，在10人以上的单元数不宜超过设施内总生活单元数的半数。这是由居住老人之间的关系以及员工固定配置的规模两个方面来决定的。

除了夜班之外，员工的固定配置以每个生活单元1名以上为基准，用餐及入浴时间一般为每个生活单元2~3名（表6-1）。

表6–1 员工的配置及生活单元规模

生活单元规模		入住者：员工的比率			
		3：1	2.5：1	2：1	1.5：1
生活单元的定员数	6名	2.0	2.4	3.0	4.0
	7名	2.3	2.8	3.5	4.7
	8名	2.7	3.2	4.0	5.3
	9名	3.0	3.6	4.5	6.0
	10名	3.3	4.0	5.0	6.7
	11名	3.7	4.4	5.5	7.3
	12名	4.0	4.8	6.0	8.0
	13名	4.3	5.2	6.5	8.7
	14名	4.7	5.6	7.0	9.3
	15名	5.0	6.0	7.5	10.0

注：
- 白天生活单元内设1名员工
- 白天生活单元内设2名员工
- 白天生活单元内设3名员工

资料来源：日本建筑学会计画系论文集，No.572, 2003.10

○ 生活单元的数量及配置

生活单元的数量及配置，要考虑到员工的夜间值班体制。通常，夜班时每两个生活单元设1名值班人员。平面布置时，要尽量避免两个生活单元不同层，如果出现有上下层的两个生活单元，就不能只安排1名员工。图6-2的示例显示了每层的生活单元为偶数时，需要值夜班的员工比生活单元为奇数时少。所以，确定生活单元的数量及配置时，需要结合入住人数和员工的配置统一考虑。

○ 短期居住

设施内如果考虑有短期居住者的话，要尽量单独设置。如有日间利用者，可以将日间利用者与短期居住者相邻设置，员工的配置也可以将日间利用者与短期居住者一起考虑。日间利用者与短期居住者的家具和备品等要由设施来统一配置。

○ 各生活单元之间的关联性

原则上，老人基本的日常生活都是在生活单元之内完成的，而其他的活动可以向生活单元之外扩展。

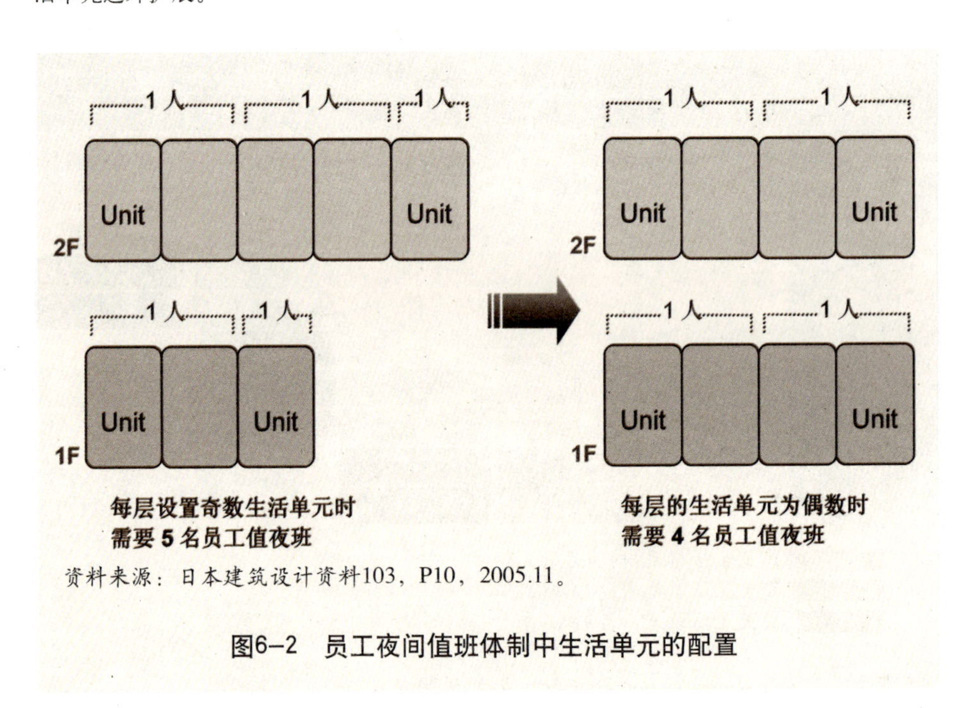

资料来源：日本建筑设计资料103，P10，2005.11。

图6-2 员工夜间值班体制中生活单元的配置

两个生活单元之间，可以是完全独立的布置，也可以是相邻的，还可以是相通的。完全独立的布置会造成两个生活单元之间的步行距离加大，给值夜班的工作人员增加负担。设计时要考虑两个生活单元之间员工的专用通道。但是，也要避免两个生活单元的起居室相通。

○ 工作人员需要的各房间

工作人员需要的房间主要有办公室、医务室、护理室、营养师室、护工室、员工休息室及会议室等。

护工的工作主要是在生活单元内进行，需要有存放每天的工作记录档案以及计算机终端的空间。通常，在起居室的一角留出这样一个空间更有利于管理，而不需要设置一个单独的房间。在每一层设置一间共用的员工休息室兼会议室，还有员工更衣室及卫生间。

护士及护理用房间可以是每层或者根据设施的规模集中配置。从易于管理的角度来看，护士和护工的记录需要统一格式，但可以从不同的视角来记录，比如护士是从医疗保健的角度，而护工更偏重生活起居。

原则上，小型的“老年会所”只接收生活可以自理或者短期疗养的老人入住，入住后患病的老人需要根据病情转入相应的医疗设施。所以，这里不需要重症的护理设备及护理病房。但大型的养老设施内要考虑能够长期居住，需要护理的老人。有些老人因年老体衰而体力逐渐枯竭，医院又不能全部收容，所以养老设施内还要考虑老人的家属能在老人最后的时期，比较长期地居住在设施内陪伴老人的空间。有可能的话，还需要有适宜的为老人送终、哀悼、纪念的场所。

○ 委托、物品管理、信息化

最后论述一下设施整体的物品和情报的管理。这里还会涉及对外委托和协作业务。比如厨房、洗衣、仓库和垃圾处理等。

厨房，有无委托设计上大不相同。是否导入真空调理、等新的调理系统，厨房设备及平面布局上会有很大的差异。但不管采用哪一种方式，厨房的地面材料等需要以HACCP(Hazard Analysis Critical Control Point，危险分析重要管理点=制造过程的卫生管理)系统为前提。营养师室的位置也很重要，既要便于食品的管理，又要方便与生活单元的员工就饮食情报进行交流，避免穿过厨房才能到达的位置。分食及再加热可以在生活单元内进行，适用新开发的配膳车。

洗衣，入住者的衣服、毛巾等可以在生活单元内的洗衣房解决。床单、枕套等可以由设施统一洗涤。现在国外多采用对外委托的方式，而不需要设置大型的洗衣房了。但是需要有较大的库房存放。

垃圾处理，生活单元内需要有清洁间，尽可能及时地将垃圾清理到设施外，清理时尽量避开入住者，注意选择合适的时间段清理。大型的设施里可以设置小型传送梯或专用管道运送垃圾及污物。每层须设有小型库房，放置干净的床单、毛巾、纸尿裤等常用品。

情报技术，设施内构筑局域网LAN（Local Area Network）系统，全设施联网，网络化管理，注意控制权限，保护入住者隐私及管理的私密性。在生活单元内随时记录日常的情况，管理业务的记录及护理工作的调整等可以在管理办公室内进行。

依据上述原则确定运营管理的具体措施，工作人员所需要的空间和场所也可以就此确定了。

6.3 养老设施的构成要素

结合前面两节的内容，这里对养老设施的构成要素做一个概括。

作为现阶段老龄设施的综合机构，结合老人的需求以及援助在宅自立生活的理念，养老设施应该具有以下**三种主要机能**：

1. 长期的居住、护理康复机能
2. 短期的居住、护理康复训练机能
3. 日常的生活援助、医疗服务机能

根据不同的生活概念以及设施的定位，设施的部门构成及侧重点有很大程度的差异（图6-3），不同的利用者（包括入住者和来访者）也会使得设施的“性格”有明显的不同。小型设施的护理部门、健康管理部门与设施管理部门可以合并在一起。

下面再设想一下设施使用者的情况。

首先，在建成伊始，会有大量的参观访问者，这里会有希望入住者，也有其家属、

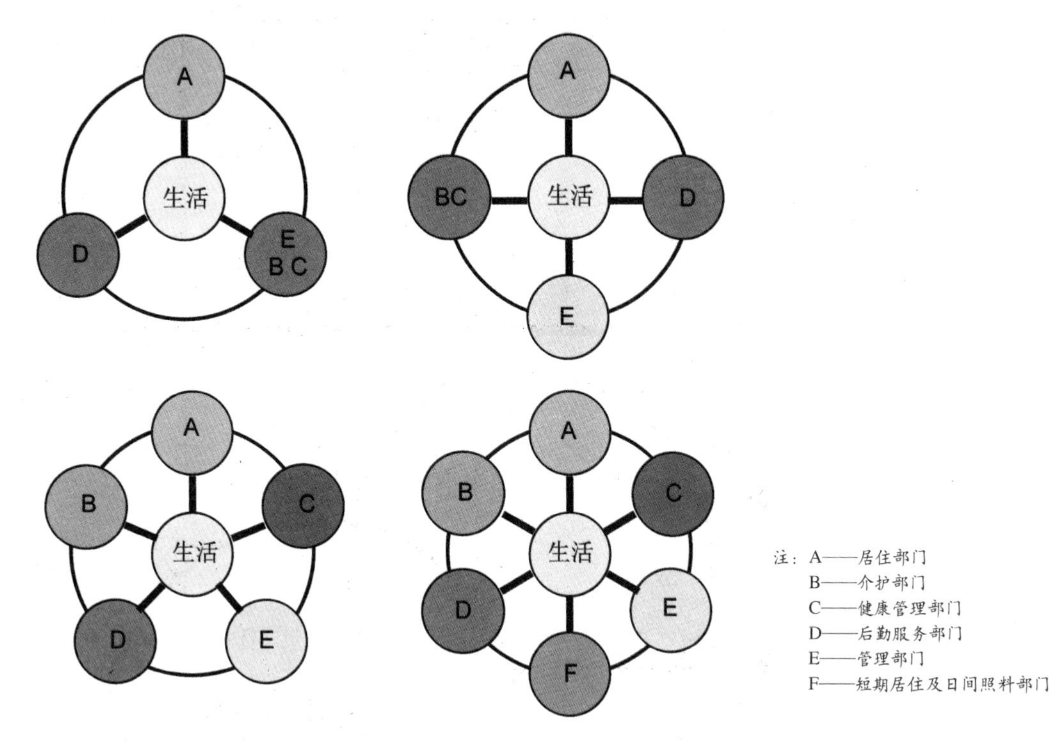

图6–3　养老设施的生活概念图

子女，或者是亲戚朋友。另外，还会有政府部门以及福利行政部门的相关人员。到了第二阶段，会有入住的老人及其家属、友人，有希望入住者、参观访问者，还有医师、护理人员，专家及指导者，研修及志愿者，日常的物资调配的各方面相关者。

所以，公共空间的处理要考虑到上述因素，要具有更广泛的适应性及灵活的可变性。其次，人流与物流的区分，内部人员与外部人员的流动线、出入口等也要妥善处理（图6-4）。

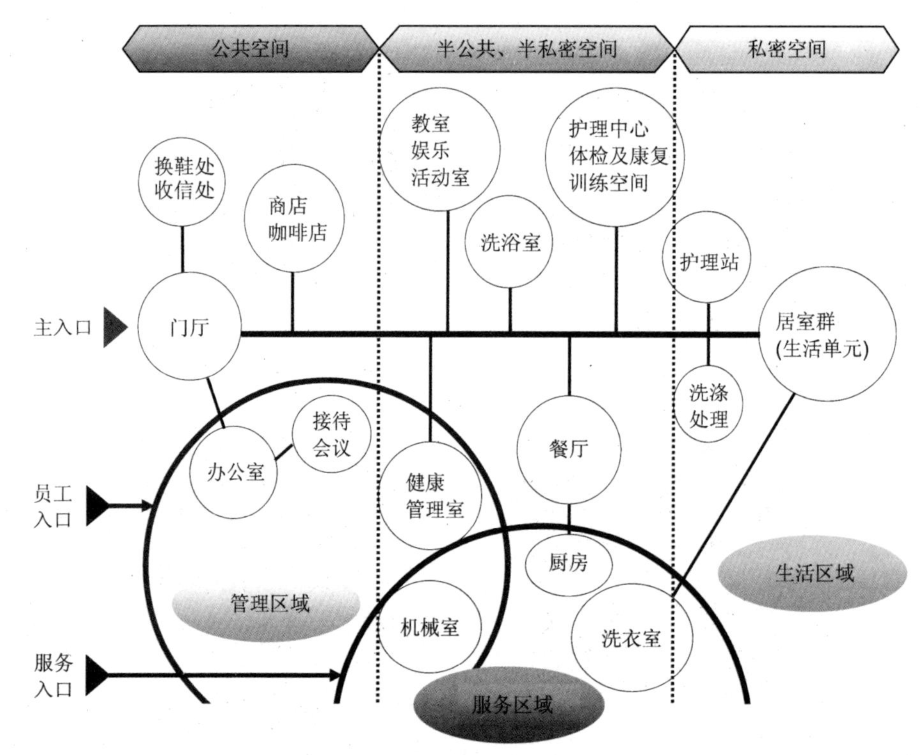

资料来源：根据建筑设计·设计シリーズ14　高龄者设施P39.翻译并绘制（略有改动及调整）。

图6–4 养老设施区域划分的概念图

在总体规划中，还需要留意以下几个方面：

1. 随着老年人年龄增长及身心的衰退变化，会逐渐要求增加护理服务，从生活照料到重度的医疗护理，需求会逐步增加。对应于这样的变化，在设施策划建设初期，就要考虑并明确应对方针。

2. 对于居住其中的老人，老龄设施是其生活的场所。同时，对于护理人员及员工来说，老龄设施是其24小时工作的场所。策划设计时有必要考虑双方的状况，合理取舍以求得最佳使用效果。

3. 作为老人集中生活的场所，特别是复合的多功能老人居住设施，要注意确保居住的私密性，居住空间与公共空间明确划分，保证老人的居住生活环境。

在外部空间的构成方面，有集落式、低层分栋式、围合式、帐篷式、高层集约式等等，要根据场地条件及设施定位来确定其形式。

在室外景观环境设计时，也要形成安全的、美观的、有趣的空间，尽可能促使老人积极地到户外活动，不仅有园路、池塘、植树、花坛等，还要考虑运动、健身的场所，菜园、养殖种植园，以及适宜老人小憩的场所。在增加观赏性、趣味性的同时，通过外部空间和景观，为老人提供“偶遇”的机会和场所，扩大社交机遇。

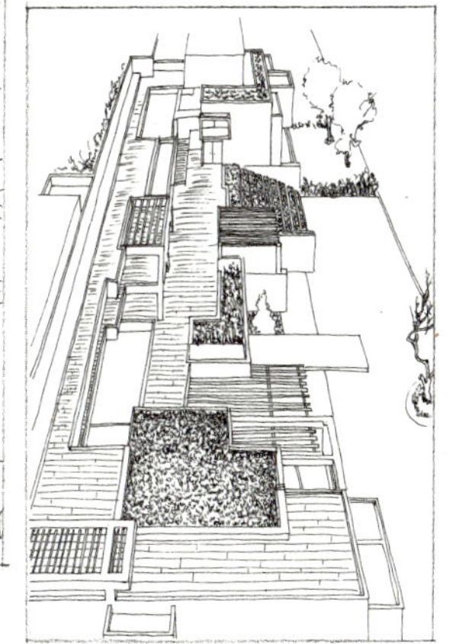

6.4　如何选择养老设施

根据我们的调查分析，以下几种情况的老人更多的选择养老设施居住：

1. “空巢”老人

单从字义上讲，空巢就是“空寂的巢穴”，比喻小鸟离巢后的情景。现在被引申为子女离开后家庭的空虚状态。“空巢”老人是指达到退休年龄，身边又无子女共同生活的老年人，其中包括单身老年人的家庭和老夫妇两人的家庭。工作压力、异地居住等问题使得很多儿女无暇照顾老人，“空巢”家庭问题普遍出现。据最新调查结果显示，目前我国城市空巢家庭已达到49.7%，也就是说近一半的家庭都是空巢家庭。尤其值得注意的是，单身独居老人在老年人口中的比例不断上升，随着年龄和身体状况的变化，这些老人较多选择到养老设施、老年公寓生活。

2. 需要护理的高龄老人

高龄老人多指80岁以上的老人。由于生理机能的衰退，各种慢性疾病的发病率均随年龄的增长而大大增加。80岁以上人口的患病比例见表6-2（与60～79岁的低龄老人患病率作比较）。

表6-2　80岁以上人口的患病比例

经医生确诊过的疾病	60～79岁人口患病率	80岁以上人口患病率
高血压	32.3	33.5
骨关节炎	28.8	29.6
冠心病	23.8	27.7
老年慢性支气管炎	20.1	20.4
有下列身体不适症状		
突发性头晕	30.2	37.4
难以入睡或醒得过早	24.4	27.7
疲倦	23.0	24.9
胃口不好	16.3	24.3
关节肿大	24.8	25.4
心口痛	18.9	21.5
便秘	13.0	20.9

资料来源：《上海市老年人口状况与意愿综合调查》1998年。

目前，中国80岁以上的高龄老人正在以每年5.4%左右的速度增长。据预测，10年后我国高龄老年人口将由现在的1100多万增加到1700万，2020年达到2708万，2050年达到1个亿，届时，抚养比将接近1：1。

随着年龄的增长和身体机能衰退，老年人对赡养和照料的需求同步增长。但是由于子女的数量在减少，而且精力将更多地投入到自己的工作和生活中，他们满足老年人照料需求的能力正在逐步削弱，老年人的日常生活照料问题将变得越来越突出。所以高龄老人必然要求社会和社区能提供更多的生活服务。

3. 独生子女家庭的老人

我国自从1979年开始实行计划生育政策，至2009年已整整30年了。第一代独生子女家庭的父母已进入老年期。

“421”家庭结构势必形成独生子女面对父母的养老问题无可奈何的局面，同时，独生子女家庭的老人大多有这样的心理准备和经济储备，为自己的老后生活提前安排。

目前更大的问题是，还很少有他们心目中理想的养老设施，不同于敬老院、福利院，也不同于普通老年公寓的养老环境，这正是我们积极开发和推广的新型养老设施和老年社区庞大的客户群。

4. 认知症的老人

认知症的老人就是患老年痴呆症者，这是一种脑部疾病，患者的脑细胞会急速退化，而这并非正常的衰老过程。由于脑部功能逐渐衰退，患者会日益健忘，智力退化，性格也会有所改变。患者多为65岁以上人士，年纪越大，患病的机会也越大。每十名65岁以上老人之中，约有一名患上老年痴呆症。老年痴呆症的种类繁多，成因各有不同，但主要分为阿尔茨海默氏病（Alzheimer's Disease）、血管性痴呆（Vascular Dementia）、混合型痴呆等三大类。其病因至今不明，且尚无十分有效的治愈方法。

照顾认知症的老人对于一般家庭来说是很艰难的。去年热播的电视剧《守望幸福》，是我国第一部反映老年痴呆症病人家庭生活的电视剧。患病的母亲身边有三个孝

顺的子女，家庭也有一定的经济实力，可还是出现了各种问题。为了尽孝，三个小家庭付出了很多代价。找来的保姆不是被母亲吓跑，就是不愿干这么累的活。好不容易有一个保姆愿意干，却是一个阳奉阴违、人面兽心、背地里欺负老人的女孩。虽然电视剧有所夸张，但现实生活中由保姆引发的家庭问题不在少数，保姆欺辱虐待患病老人的案例逐年增加，所以照顾认知症的老人由家庭转向专业机构是必然的趋势。

5. 其他

2009年是新中国成立60周年大庆，这也就意味着与共和国同龄者要步入老年人行列，50年代出生高峰的人口也即将进入老年。同时，这些人大多为独生子女家庭，很多人具备一定的经济实力，对丰富多彩的老后生活充满憧憬。邀几位老友相邻而居，回忆共同经历的美好时光、结伴出游、参与社会活动、饮食起居相互关照、信息资源共享……这或许会成为一种新的生活时尚。

那么，现阶段的老年人该如何选择养老设施?

目前我国的养老设施，不外乎以下两种性质：

一类是政府、集体兴办的国办养老机构，通常我们听到的敬老院或者社会福利中心等一般属于此类；另一类就是民营、私人投资兴办的养老机构，老年公寓、托养院、颐养院等一般属于此类。

对于形形色色的养老机构和养老设施，老年人及其子女该如何选择合适的和适合的地方供老人养老居住呢？我们简单总结出以下几个因素，在此共同探讨。

1. 地理位置及交通

养老设施的地理位置与普通居住区的选择角度不同，不一定靠近市中心就好。如果地点是靠近市区，购物、医疗、文化娱乐设施多，而且搭乘公共交通也比较方便，因此往往靠近市区的养老院床位比较紧张。老年人大多希望养老设施离家越近越好，子女接送、探望也比较方便。郊区的养老设施也是一个不错的选择，那里的空气新鲜，远离闹市，是老年人颐养居住的好地方。在郊外的养老设施更要注意交通的便利性，保证紧急情况时30分钟内能到达最近的综合医院。另外，养老设施的周边环境及道路交通环境也是要考虑的重要方面。

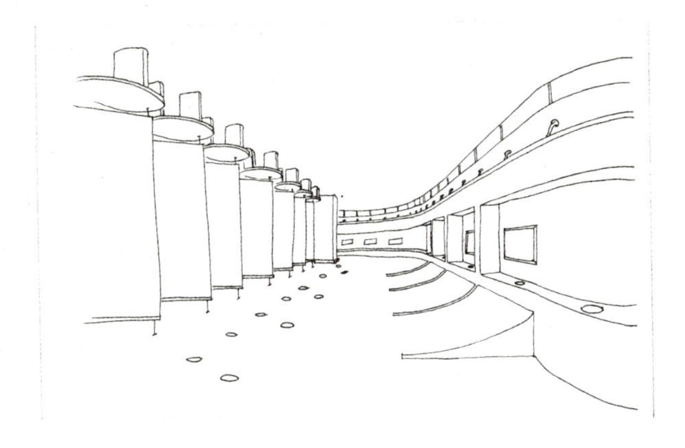

2. 建筑设施及硬件

建筑设施是硬件因素，总体布局上是否合理、配置是否得当，设计上是否符合我们第五章列举的那些重点，有没有安全隐患，都是不容忽视的关键方面。可以对照表5-2和表5-3画勾一一确认，画勾较多者为首选设施。

除了以上的因素之外，还可以考虑养老设施内部的环境如何，是否有花园、鱼池、活动场地等休闲娱乐健身场所，有没有运动器材、康复用具、医护设备等。

3. 服务水平及软件

服务水平和服务内容是养老设施的软件因素，再好的硬件条件如果管理和服务水平不够，也是不足取的。

设施整体的管理、流程是否完善，护理人员是否经过专业培训，服务态度和服务意识如何，配餐营养是否适合，除此之外，养老设施是否举行户内外活动、联欢节目，有没有吸引您的社团和兴趣爱好相同的入住老人等等。丰富的精神文化层面服务，能让老年人度过愉快的生活。

4. 医疗条件及卫生

这是子女或健康老年人往往会忽略的重要因素。养老设施除了提供护理之外，由于服务对象是老年人，卫生医疗是不可忽略的。卫生医疗的条件有多好，就能代表该养老设施的品质有多高。

卫生方面包括了个人卫生和公共卫生。对于无法自理的老年人来说，个人卫生要求就特别高，比如：冲洗大小便、更换内衣、洗澡等。公共卫生指的是清理房间、卫生间的间隔时间，食堂和公共区域的卫生质量，养老设施内的气味和清洁度等。至于医疗方面，包括了该养老设施拥有多少个医生护士，医疗设备是否齐全，所提供的医疗服务有哪些，是否靠近医院等。特别是第1条提到的到达最近的综合医院的距离和所花时间，这关系到老人的生命。

5. 房间位置及朝向

房间位置首先要考虑房间的朝向、日照、采光、通风、视野等方面的因素。朝南的房间最佳，同时要保证冬至日满窗日照不低于2小时。采光、通风及景观视野同样重要，房间内通透明亮、视野开阔，躺在卧床也能看到窗外的自然景色者为佳。特别是生活不能自理的老年人，更需要上述条件，以满足老人生理及心理的需求。

居中的房间要比尽端房间好，一是居中房间服务半径小，老人进出和服务的距离都相应缩短。二是尽端房间的外墙面积多，冬季散热、夏季吸热，还容易受潮、结露，用于采暖、制冷的费用也相对要高。

老人居室不应与电梯、热水炉等设备间及公共浴室等紧邻布置，门窗、卫生洁具、空调室外机和换气装置等的安装部位是否有噪声的影响，居室之间的墙壁及楼板是否隔声良好。

6. 房间内配置及设备

老人居室内最好设有独立卫生间，卫生洁具的选用和安装位置都要便于老年人使用。由于居室是老年人较长时间居住的场所，因此生活空间不宜太小，还要留有足够的储藏空间，包括独立的储藏间及壁柜、中低柜等不同用途的储物空间。如果房间内配有小型厨房和冰箱、微波炉就更加方便了，但要注意，厨房最好选用电磁炉而不宜使用燃气。床头、浴室、厕所是否设有紧急报警求助按钮，呼叫信号是否直接送达相关管理部门，如果设有生活节奏异常的感应装置则更佳，这种装置可以及时反映出老年人生活节奏异常，如上厕所时间过长、过频，在卧床上时间过久等等，相关人员可根据这些信息了解老人的身体状况，及时采取相应措施。

房间内窗帘最好选择厚重、遮光性好的材料，如果可遥控开启更佳。卧床的高度及硬度是否合适，房间内照度以及色彩也是要考虑的因素，这些因素都会影响到老人的情绪和心理以及居住的舒适度。

7. 楼层高低及层高

不同楼层的房间在日照、采光、通风、视野等方面存在一定的差异。首层进出方便，接近自然，但相对阴潮、灰尘和噪声大。二、三层相对较好，但有些三层以下的养老设施没有电梯，对于腿脚不好的老人是个很大的问题。四层及其以上，随楼层的增高，采光通风条件更加优越，景观视野也更加开阔，缺点是远离地面不能接地气，依靠电梯上下也有不便之处，太高的楼层还会感到眩晕或其他不适症状。顶层的房间相对较安静，污染、干扰也少些，但屋面保温和防水质量等问题，容易带来意想不到的麻烦。

老人居室的层高要比普通住宅高一些，层高在2.8~3米为宜，其他公共活动空间及较大空间的层高要相对提高。

8. 入住费用及日常价格

从价格方面考虑，应该计算的是一个月需要支付的费用，而不只是考虑床位费或其他单个项目费用。有些养老设施声称其床位费比起其他养老院来的便宜，但会通过提高其他服务项目的费用来填补，所以不要被误导。

基本上，一个月的费用 = 床位费 + 护理费 + 伙食费。再看看该养老设施是否还收取其他费用，比如：洗衣费、水电费、娱乐费、尿片费等。有些设施还会收取一次性购置费，用于购置房内设施。还有些设施收取一定数量的入住押金或是会员费，由于金额较大，因此也是入住前需要考虑能否承担的一个重要因素。

入住时的费用和每个月的日常价格要综合考虑，选择适宜的能承受的合理价格。低价格的养老设施一般条件较差，但高价的设施也未必最好，一定要根据自身的需要和能力，选择最适合的设施居住。

怎样才能更好地实现上述目标，使老年人能够选择到称心如意的养老场所，如何进行策划设计以及全过程项目管理，使同样的投资得到最大效益和回报，下一章就简单谈谈国际养老项目策划设计及工程项目管理的重要性。

养老设施及老年居住建筑

第7章 国际养老设施策划设计及工程项目管理

7.1 建筑策划及工程项目管理概述

7.2 建筑策划的重要性及其方法

7.3 全过程项目管理及设计建设规划流程

第7章　国际养老设施策划设计及工程项目管理

7.1　建筑策划及工程项目管理概述

策划工作就是在所有杂乱无章、错综复杂的现有信息中，提取出有价值的信息，在所有可能的结论中，抽取出最重要的、最需要的和最恰当的内容。

建筑策划是特指在建筑学领域内，建筑师根据总体规划的目标设定，从建筑学的学科角度出发，不仅依赖于经验和规范，更以实态调查为基础，通过运用计算机等近现代科技手段，对研究目标进行客观的分析，最终定量地得出实现既定目标所应遵循的方法及程序的研究工作（注7，图7-1）。

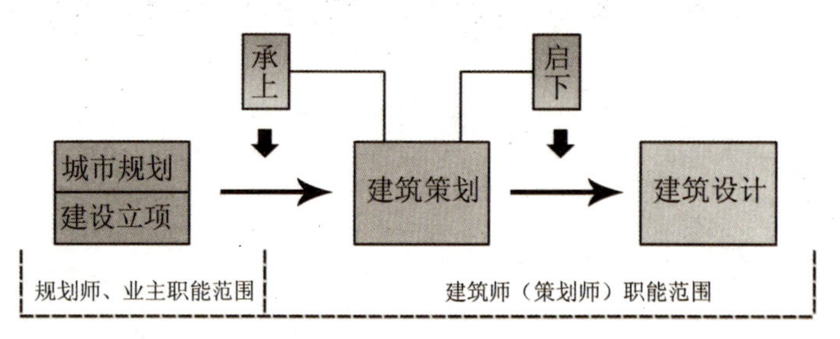

图7-1　建筑策划的承上启下

建筑策划者需要聆听并理解业主（投资者）的想法和愿望，为支持业主操作的空间和活动的关系制定标准，根据业主的预算以及可接受的发展强度进行开发和协调。最后，将信息分析归纳综合出由设计来解决的问题进行陈述和表现（注8）。简言之，建筑策划就是通过一系列系统的调查、研究、分析、归纳，科学地制定程序，指导建设项目有序有效进行的研究工作。

一个建筑物可以有各种各样可能的形式，但是一旦设计完成后就基本定格了。通过建筑策划科学地制定出设计任务书，可以为设计师选择最恰当的形式提供指导和依据。

建筑策划程序能为一个专门的项目开发出合适的标准。比如，我们要开发一个国际养老项目，首先要在总体规划所设定的范围内，依据总体规划确定的目标，对这个项目的社会环境、人文环境和物质环境进行调查，对其经济效益进行分析评价，通过对其外部条件的把握和内部条件的梳理，设定项目目标及空间模式构想，确定项目的规模、使用方式、功能组合、结构选型、风格造型以及设备系统、建设周期、建筑造价等因素，制定出合理的设计任务书（图7-2）。这就是建筑策划的过程，在这个过程中，我们明确了以老年人为中心的、国际化管理的、养生休闲性质的项目目标，根据地域条件确定是城市中心的集中布局还是在郊外分散设置，是高层还是低层，所在地区的建筑风格特色、建筑限高、体量大小等等。根据经济评价和市场分析，确定其规模、床位数和功能要求，是高档型还是中低档，是以销售为主还是以租赁为主……根据使用者条件确定是以健康老人为主还是以需要护理的老人为主要客户群，老年人的活动区域以及护理人员、工作人员的区域如何划分……

在建筑策划的过程中，有可能需要对总体规划不断反馈修正，同时，建筑策划与建筑设计之间也密不可分（图7-3）。建筑策划作为建筑学科的一个分支，已逐渐从建筑设计中分离出来。

通常设计师们并不是他们所设计的建筑物的使用者，而使用者大多不是专业的设计者，不同的使用者对于他们想要的新建筑物也会有各种截然不同的想法。只有通过有意识的沟通、策划，将所有不同点公之于众，在充分论证后得到解决，才能设计出满足不同使用者的建筑。

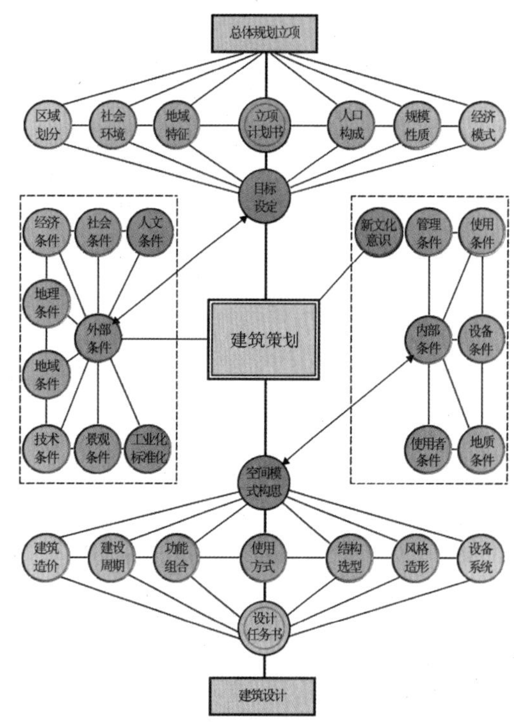

资料来源：《建筑策划导论》庄惟敏 著 P28

图7–2　建筑策划相关因素

不同的使用者对于想要的新建筑物的设想可能完全不同，用抽象的语言很难沟通和表述清楚，通过有意识的沟通、策划，可以逐步统一，筛除不切实际的想法和不利因素，最终明确出符合预算和使用要求的利益最大化的新建筑物

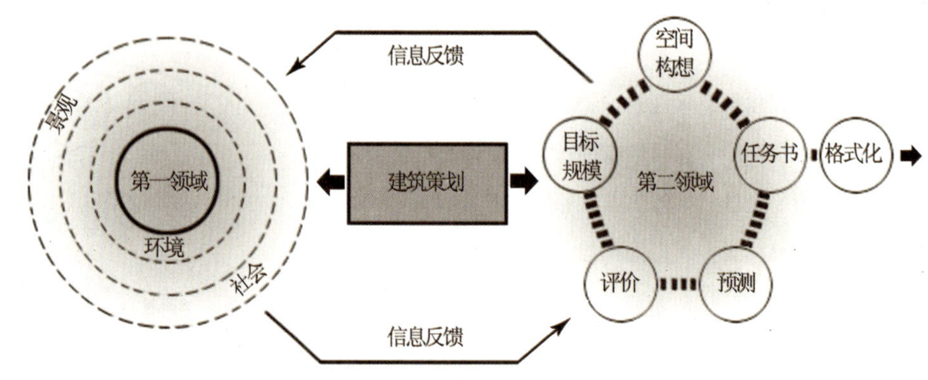

资料来源：《建筑策划导论》庄惟敏 著 P18

图7–3 建筑策划领域的相关图式

对于小型的项目来说，建筑策划可以在不用支付额外服务费用的情况下，由建筑师及相关专业人员与投资方共同完成。大型的复杂的项目则需要支付建筑策划的费用，由专门策划那种建筑物类型（如医院、养老院）的专家完成。

建筑策划是人类相互影响的一个过程，建筑策划者们应该是多才多艺的思想家，必须能够根据情况的不同来调整思维程序。好的策划需要清楚地进行思考、分辨、取舍，并要求建筑师把人们的使用要求转化为建筑语言，用建筑语言加以定性的描述，经过文字化、定量化、标准化的处理就可以成为下一步建筑设计的依据了。

那么，有了好的策划还仅仅是建筑创作环节中好的开头。在建筑设计、建筑施工中运用工程项目管理的理念，实施全过程项目管理是建设好的建筑作品的重要保证（图7-4）。

工程项目管理是项目管理的一个重要分支。所谓工程项目管理是以工程项目为对象的系统管理，通过一个临时性的专门性的柔性组织，对项目进行高效率的计划、组织、指导和控制，以实现项目全过程的动态管理和项目目标的综合协调与优化。它被称为是一项极其复杂的管理过程，分为启动、计划、实施、控制和收尾五个阶段（图7-5），也称为项目的生命周期（图7-6）。

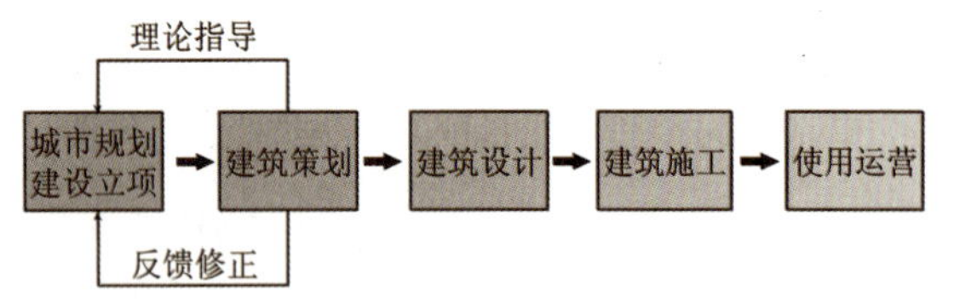

资料来源：《建筑策划导论》庄惟敏 著 P10

图7–4 建筑创作的全过程框图

建筑业是最先引进项目管理的行业，这是由于建筑业的产品具有最典型的项目特征，项目的概念在初期总是不可避免地带着建筑业的烙印。加工业的产出物大多都是可以重复甚至是可以返工的，但是建筑业的产品往往具有很强的不可逆性，一旦凝结为产品便不可轻易后悔更改，几十年几百年甚至几个世纪地屹立不动了。

工程项目管理与其他的项目管理相同，都是以尽可能有效的方式取得预期成果的过程。工程项目管理强调的是预期成果，但更重视的是为实现这个结果而形成的整个过程。在整个工程项目管理的实施过程中，为了取得预期成果，往往会综合运用各种现代化管理方法，如：价值功能、系统工程、全面质量管理、全面经济核算、全面计划管理、ABC分类法、网络优化技术、滚动工作计划、经济责任制、电子商务、行为科学、运筹学、博弈论等等，通过推广运用各种现代化管理方法，建立工程项目管理模式和管理文化，使工程项目管理的整个过程处于受控状态，从而确保工程项目管理目标的实现。

工程项目管理的目标是完成工程项目任务。主要体现在如下三个方面：

1. 按时——确保工程项目如期实现

2. 在预算范围内——确保工程项目投资处于受控状态

3. 按性能指标的要求——确保工程项目质量实现

全过程项目管理是对工程项目的生命周期各阶段进行全过程的管理，会涉及范围、进度、成本、质量、人力资源、沟通、采购、风险、综合管理等九个职能领域的内容（图7-7）。

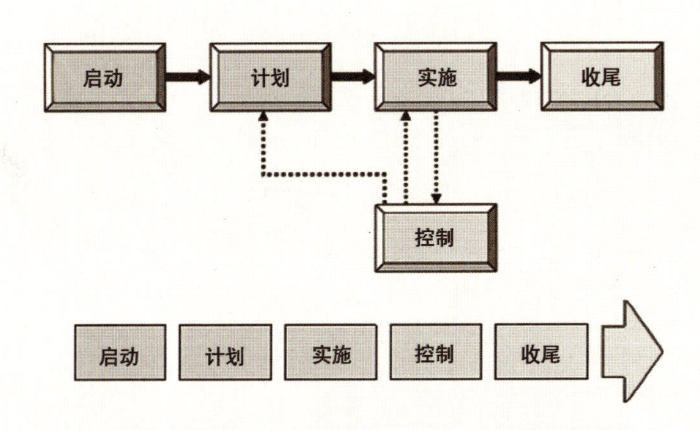

资料来源：《项目管理实战教程》房西苑，周蓉翌编著：P65

图7-5　工程项目管理的五个阶段

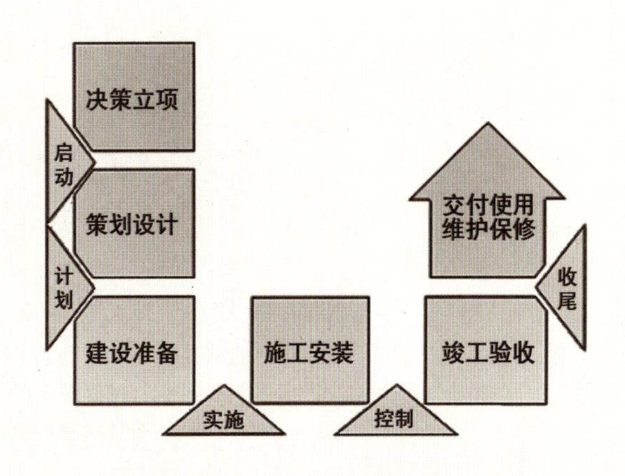

图7-6　建设工程项目的生命周期

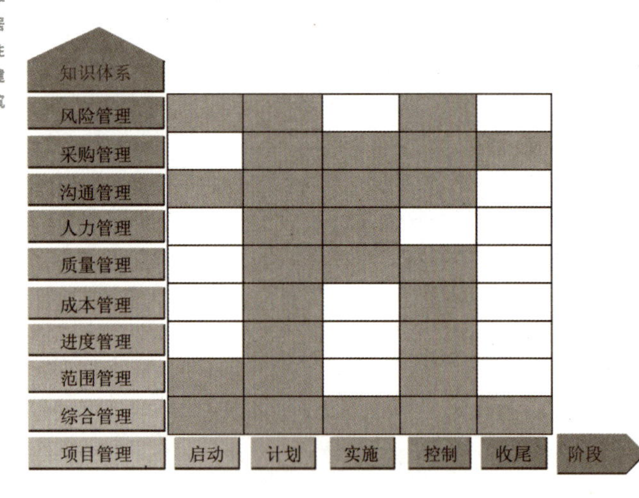

资料来源：《项目管理实战教程》房西苑，周蓉翌编著：P11

图7–7　项目管理的知识体系

项目管理进入中国的第一个成功案例，是20世纪70年代末亚洲开发银行援建我国的云南鲁布革水电站。我国对这类建设项目的传统管理方法往往是由政府主管部门组建项目指挥部，采用超经济手段调集资源，以群众运动式的人海战术突击会战。而该项目在亚洲开发银行的要求下引进了项目管理的规范，实行招标制度，最后中标的为日本大成公司。该公司只是一个项目管理公司。其功能只是制订计划、协调关系、配置资源、督导实施，具体建筑工程仍旧是分包给中国的建筑施工队完成的。日本该公司仅以三十多人的队伍有条不紊地指挥着上万人的建设大军，协调着上亿元的资源和资金，最后工程严格按照预算成本和质量标准提前完成。

作为现阶段的中国项目管理，习惯把施工阶段的管理称为工程项目管理，但是真正意义上的工程项目管理应该是从项目的前期决策阶段介入，从事项目的前期评价、项目可行性研究、招投标管理、合同管理、设计管理以及后期的施工管理直至运营后交付使用。

表7–1　项目管理各方的任务

	决策阶段	策划阶段	设计阶段	施工阶段	使用阶段
投资方	DM	PM			FM
开发方	DM	PM			
项目管理方		PM	PM	PM	
设计方			PM		
施工方				PM	
供货方				PM	
物业管理方					FM

DM——开发管理Development Management
PM——工程管理Project Management
FM——运营管理Facility Management

中国的工程项目管理从理论上来讲还处于刚刚起步阶段，对于工程项目管理的理解尚处在被动的接受阶段，而没有真正的接受并且很好地运用它，使它产生更大的效益。而对于工程项目管理工作中的项目策划、可行性研究、设计管理、价值管理、风险管理等还缺乏意识和应有的管理，致使国内目前的工程项目管理还比较混乱。

现阶段国内的工程项目管理公司大多是半道出家，而非真正意义上的项目管理公司，主要来源有三个部分（表7-2）。

表7–2　项目管理公司的优劣势

原有性质	现阶段性质	优 势	劣 势
设计单位	项目管理公司	设计力量	招投标、合同管理、现场管理
监理公司	项目管理公司	技术、现场管理	设计、合同管理、成本管理
招投标公司	项目管理公司	招投标管理	技术、进度控制、质量管理等

从设计单位转换而来的项目管理，设计力量比较强，但是作为项目的招投标、合同管理、现场管理方面比较薄弱；从监理单位转换来的（目前很多监理公司都在向项目管理公司转换），施工阶段的项目管理比较强，尤其着重于施工阶段的质量管理，但是作为项目的设计、合同管理、成本管理方面就比较薄弱；更有些是从招投标单位转换而来，它的技术方面、质量管理及进度控制方面比较薄弱，没有一个很完善的体制和班子。

还有就是投资方的问题及责任，前期立项策划准备的不充分、不明确，导致项目进行过程中不断反复、修改、调整，还有一些是根本无法修复的“硬伤”。

有些投资方不进行策划工作，也有些不愿支付建筑策划的费用，由设计和重新设计程序最终建立起策划，到头来，间接费用和重复修正的费用远远超过了应支付建筑师的那部分。同时，不断重复的修正工作常常会挫伤设计师和员工的士气，工程项目在一种半失控的状态下，只能草草收场。

同样的投资（甚至更高的成本）、同样的设计（或者会付出变更设计的代价）、同样的施工管理过程（投入更艰辛的努力），由于缺乏建筑策划的环节和有效的工程项目管理工作，最终只能得到使用中的遗憾、投资回报率降低、建筑寿命缩短的代价了。

下面就回过头来看看建筑策划的重要性及其方法。

7.2 建筑策划的重要性及其方法

当我们生病去看医生时，首先要和医生进行交谈，述说病情，医生根据情况进行诊断，有必要的话需要借助医疗仪器等设备拍片进一步诊断，最后确定治疗方案。建筑策划的过程与疾病诊断相似，要根据业主的需求，精确地描述出要解决的问题，最后确定设计方案。

没有一位医生可以不经诊断就拿出治疗方案，同样，没有一位建筑师可以不经策划就设计出符合需要的建筑物。所以，建筑策划是着手设计之前不可或缺的重要环节。通过建筑策划，科学地制定设计任务书，指导设计工作和工程项目管理，能产生相当大的经济效益和社会效益。

我们在实际工作中常常会遇到这样的投资者：他们对于要投资的项目有很多的设想，有些是对策划设计有用的信息，也有些是完全无关的甚至相互矛盾的。这需要很多次由浅入深的沟通，直至完全理解客户的想法，同时还要说明有些方面鱼与熊掌不可兼得，必须做出抉择取舍。如果遇到一位不确定的客户，对于建筑策划者以及建筑设计师来说，远比想法多的客户更难做。这时需要投资者做出选择，要么参与其中，与策划者和建筑师共同做出项目决策；要么干脆不闻不问，把这个过程交给信得过的人或者建筑师全权处理。如果选择前者，客户需要花费一些时间，思考并表述出想要的结果，面对策划设计过程不断出现的矛盾冲突给出选择，需要有耐心面对一些细微的难以抉择的问题。客户参与到这个过程中是十分必要并且被证明是不可或缺的。如果选择的是后者，客户就只好被动接受交付的成果了，也许要为以前不愿花费时间思考和表述的许多想法而额外支付修改的费用。

不同的利益相关方对于要投资的项目也会有不同的想法，不要回避矛盾和冲突，越早将想法和问题暴露出来，就越容易及时的解决，避免策划设计过程中反反复复的重复工作。建筑策划就是要解决这些矛盾和冲突，确定那些无法避免的制约条件，帮助投资者作出抉择和取舍，这是非常重要和必须的过程。

大多数投资者并非专业人士，他们往往只看到事物的一部分，有时就像是“盲人摸象”，很难从全局的角度作出判断和取舍。而建筑是一个复杂的综合体，需要全方位的理解、分析、综合、归纳，用专业的技巧，整理出简单清晰的解决问题的程序。

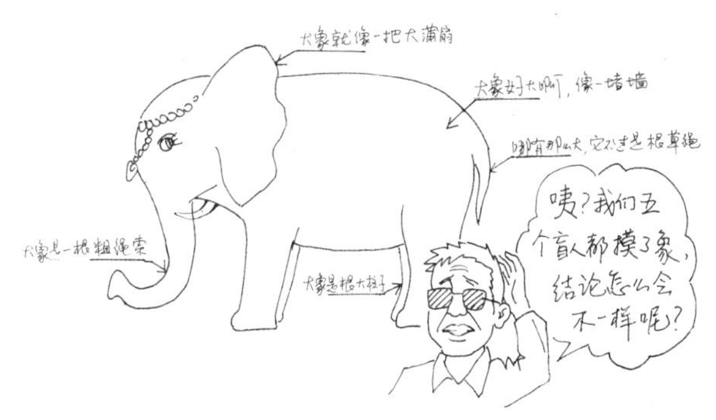

在策划设计之前，往往像盲人摸象有些摸不到头绪，需要在所有杂乱无章的现有信息中，提取出有价值的信息，在所有可能的结论中，抽取出最重要的、最需要的和最恰当的内容

“盲人摸象”的寓意是不能只看到事物的一部分，而应看全局才能了解事物的全面和真实情况。正确的方法是将所有不同因素综合起来，决策者必须了解整个大象，并清楚每个部位的作用，对于所做出的决策带来的相应结果及其解决办法也应了如指掌。这些都需要通过建筑策划过程来完成。

那么如何进行策划？又有哪些行之有效的方法？建筑策划的方法学、技术手段和格式多种多样，理论上的方法就不一一论述了，这里结合养老项目案例分析，把建筑策划的方法及程序简单概括为以下八个方面，并结合案例加以说明。

1. 项目背景研究
2. 确定项目目标和目的
3. 收集和分析信息
4. 确定策略和方案构想
5. 建立量化的经济技术要求
6. 相互匹配的技术构想
7. 经济策划
8. 综合策划报告

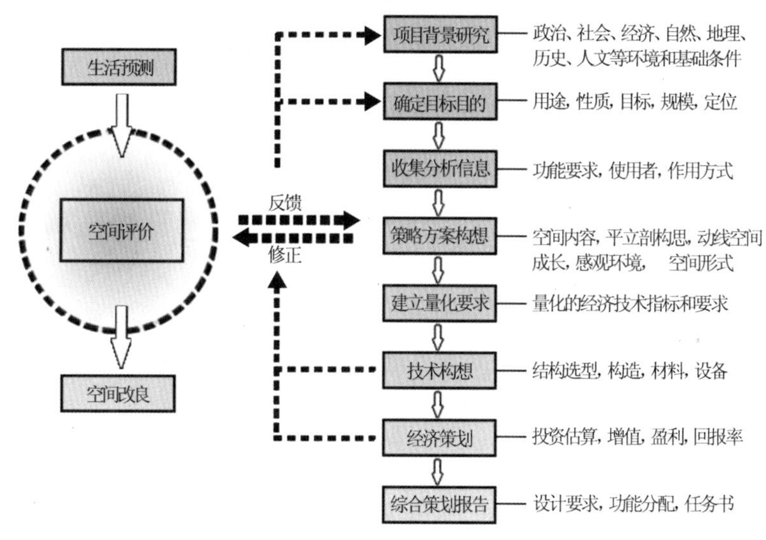

图7–8　建筑策划的程序

案例1——海南省海口市国际康疗养老项目（注9）

1. 项目背景研究

被称作祖国“后花园”的海南省，以其独特的热带风光、良好的生态环境在全国博得“健康岛”、“生态岛”的美名。海南是国家八个旅游重点发展的地区之一，全年四季如春，平均气温28度。海南气候条件和原始生态状况，成为老年人所向往的生活场所。尤其对于北方老人，冬季是老年人病发的高峰期，为避寒而到海南的老年人络绎不绝，每年“十一”至第二年“五一”是海南养老休闲度假的高峰期。

海南的自然条件和海口的省会城市功能为养老主题增添了基础和必要条件。海口市作为中国最大的经济特区海南省的省会，全省政治、经济、文化的中心，对外开放的窗口，是全国适于养老养生度假的最佳区域之一。

项目背景研究中，着重其政治、社会、经济、自然、地理、历史、人文等环境和基础条件的研究。

2. 确定项目目标和目的

背景研究工作之后，建筑策划程序的第一步就要确定项目的目标和目的。设定项目用途、性质、规模、定位，包括组织目标、范围目标、形式、功能、经济等设施目标。通过考察、论证、修正后确定的目标和目的，是建筑策划及设计的工作方向。

该项目论证过程中进行的SWOT分析如下：

优势：

海南气候、海口省会城市的优势

海口地处亚热带和热带的交界处，气候条件自然优势毋庸置疑。海口作为省会城市，汇集能力和服务设施以及医疗康复方面具有明显优势。

地理位置优势

新埠岛位于海口市滨海核心区，距城市中心车程为15分钟，相对于城市郊区的大多数养老主题项目来看，地理位置优越。

自然岛居形式优势

新埠岛自然的生态植物和保留的沙滩为起步区养老项目提供了前提条件，三面环江，一面临海，符合远离闹市、选择海南养老的老年人需求。

新埠岛片区开发优势

大型片区开发的优势就是配套齐全，并且海口城市规划中，对新埠岛提出“低密度、低容积率、高绿化率”的规划要求，特色风情小镇的生活方式适合老年人向往安逸生活。

劣势：

新埠岛历史遗留口碑较差

由于新埠岛历史遗留问题，近年来迟迟未得到开发建设，目前岛上烂尾别墅成为吸毒人群的聚集地，造成口碑影响不佳。大部分公交车、出租车只停留在新埠桥位置，不愿意再进入岛内。

新埠岛目前没有大型医疗设施为依托

结合新埠岛现状分析，岛上居民处于温饱阶层，以渔业为主要生活来源，相对城市中心其他区域落后，村内配套设施简陋，无任何医疗设施，需要新埠岛开发时解决这一问题。

目前交通状况较差

新埠桥是目前通往新埠岛的惟一桥梁，远远不能满足未来5万～10万人口的居住条件，海新大桥的开发建设将缓解这一情况。

国内可参考性项目较少，缺乏参考依据

目前海南以养老为主体的项目很多，大多是变相出售住宅商品房，岛外老年客户群看过项目后，心理落差较大。缺乏规模化、专业化的养老项目参考依据和经验，需要时间和实践的摸索。

政府支持养老主题，但尚无具体有力政策出台

国外的成熟养老社区项目，大多有政府福利制度作为基础。目前，中国步入老龄化社会需要结合国际先进的理念和经验，还需要花一定的时间摸索符合国情的办法，据估计中国相关制度尚需10年才可步入成熟阶段。

机会：

新埠岛后期开发配套齐全

新埠岛占地约13000亩，大型片区开发项目其道路、教育、商业等配套设施齐全，在居住的功能上，可提供和谐、便捷、舒适的生活环境。

目前养老主题尚属市场空白点

对于目前运营的养老项目来看，对于标准化、专业化的条件还远远不能达到老年人理想的条件，在海南，以专业养老服务的主题项目尚属空白。

利用淡旺季，与酒店互动

在海南酒店行业中，以岛外消费为主。养老主题项目也面临这一问题，养老项目可以以经济型度假酒店形式设计，服务设施上以老年人设施标准设计，对于部分商务客户群可以在淡季入住酒店。

可争取政府政策支持

通过与海南省及海口市政府官员的交流得知，政府对于新埠岛开发中养老项目比较看好，并提出养老主题应注重兼顾高中低端人群的消费，如果满足这一要求，政府可以给予政策上的支持。

威胁：

同质项目陆续开盘，形成竞争

在海南这片热土上，近年陆续前来投资的实力派开发商不少，并且圈地范围不下万亩，对于海南来说，旅游、度假、养老、休闲是宣传的主题，在老年客户群一定的条件下，资源瓜分局面会逐渐形成。

不可控制因素的影响

如“禽流感、SARS病毒、甲型H1N1流感”等流行一时，人们纷纷放弃旅游外出的计划，异地养老也会受到相应的影响。海南地处军事要地，不可避免突发事件涉及的威胁。

3. 项目自身信息的收集和分析

这一环节中最重要的是建筑功能要求、使用者的要求以及使用方式的调查与把握。管理条件、设备条件、场地内的各项条件和信息也是要收集分析的内容。还有，关注心理方面的需求也很重要，一方面是使用者，另一方面是工作人员的需求。

该项目为占地近9平方公里半岛的开发，一期工程（起步区）拟建12万平方米建筑，其中包括五星级主题商务酒店、游艇俱乐部、水岸商业街区、冰雪乐园、住宅示范区，

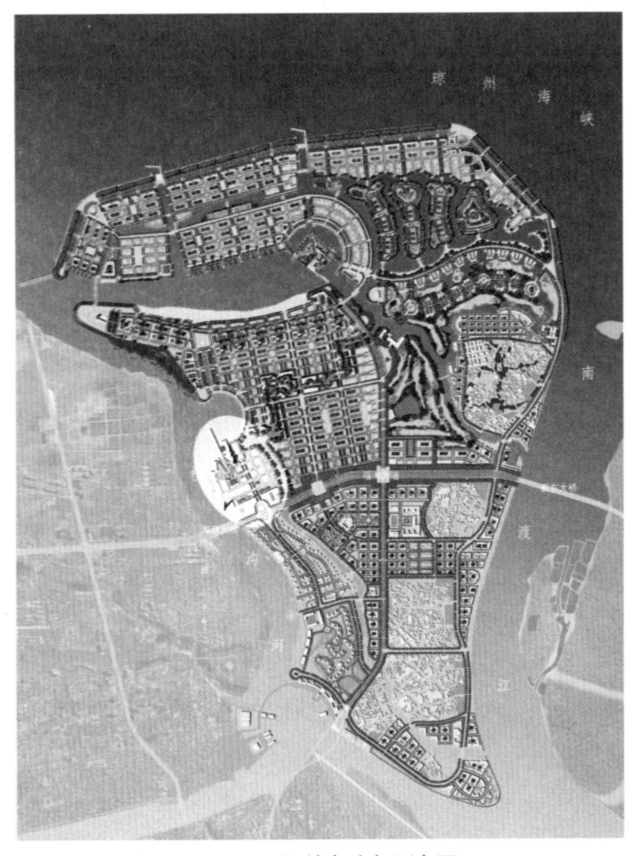

图7-9　总体规划设计图

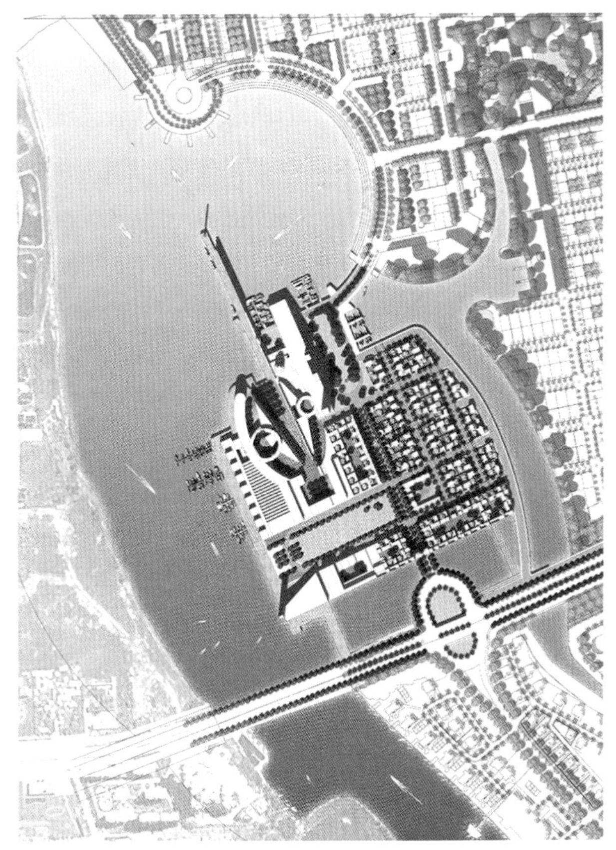

图7-10　起步区详细规划平面图

其中养老主题项目位于住宅示范区内。

养老主题产品在利用起步区公建资源共享的前提下，形成各业态之间的互动。主要从功能、环境、服务、管理、形式等角度阐述如下：

功能上拟为老龄群体提供日常的衣食住行及保健护理，也可以接待老年人短期或长期的居住，并为社区内老年人提供生活服务以及就业、交往与娱乐活动的机会和场所。

尊重老人的经验，发挥老人的余热，创造一个和谐的、亲情的、健康的、以人为本的养老环境。

强化社会开放性和多功能性，采用国际化的理念、国际间的合作，提供全面的关怀、精致的细节、周到的服务。

目前，住宅建设与管理相分离的经营方式是最适合国内开发商的运作模式，也是盈利型企业正在考虑的利润增长点。

建筑形式上充分结合海南自然条件优势，以多层建筑穿插便于酒店管理模式为主的建筑形体，形成邻里和谐、私密温馨的老年人交流空间。

4. 确定策略和方案构想

按照开发商要求的一期工程（起步区）中希望设置面向高龄者的设施或街区的要求，我们结合多方调查分析的结果，建议在一期工程（起步区）中，以健康老人为对象，建设适宜老人长期或短期居住、会员制宾馆、老年会所、康复中心等专为老人服务的设施及其相关设备和用品展示空间。

考虑到一期工程整体的规划，在示范住宅区内，将一个面向高龄者的街区，专为老人服务的设施（老年会所）置于该街区中心位置，规模以建筑面积8000～10000平方米为宜，一期中可考虑老人专用床位200床左右。

在总体规划中，靠近区域中心部位（另一面毗邻高尔夫球场的区域）预留二期高龄者设施的用地。在二期中宜考虑不能自理老人的居住与护理，还要增强医疗方面的建设，以及其他更具针对性的功能与设施。二期宜预留1公顷以上用地以备发展需要。

海口的气候温暖潮湿，且以休闲度假为主，可以部分地参考日本木结构低层设施，在符合消防要求的条件下使用耐水、防腐的木质材料，同时还可避免海水海风的侵蚀。室外温泉、泡浴也比较适宜。可与其他海水的游乐项目结合，创造安逸、趣味、舒适、悠闲的养老环境。

在这一过程中还将制定项目空间内容，分析空间动线，以及空间规模和环境构想。

5. 建立量化的经济技术要求

根据策略和方案构想，针对每个空间的要求，给出量化的信息。这一环节中需要预测、检验、反馈、修正前面的信息和策略，通过量化的经济技术要求对构想的空间进行科学化、逻辑化的处理，同时还要检验项目的经济可行性。

6. 相互匹配的技术构想

技术构想是在方案构想和量化经济技术要求的基础上，研究构想空间中的结构选型、构造要求、环境影响、设备以及材料等技术因素的过程。这个过程在方案构想与空间构想的同时就已经开始了，技术与空间相互匹配，同时它对于经济策划也产生很大影响。他们之间是相互影响与作用的，在这个过程中需要不断反馈修正，以取得最佳的结果。

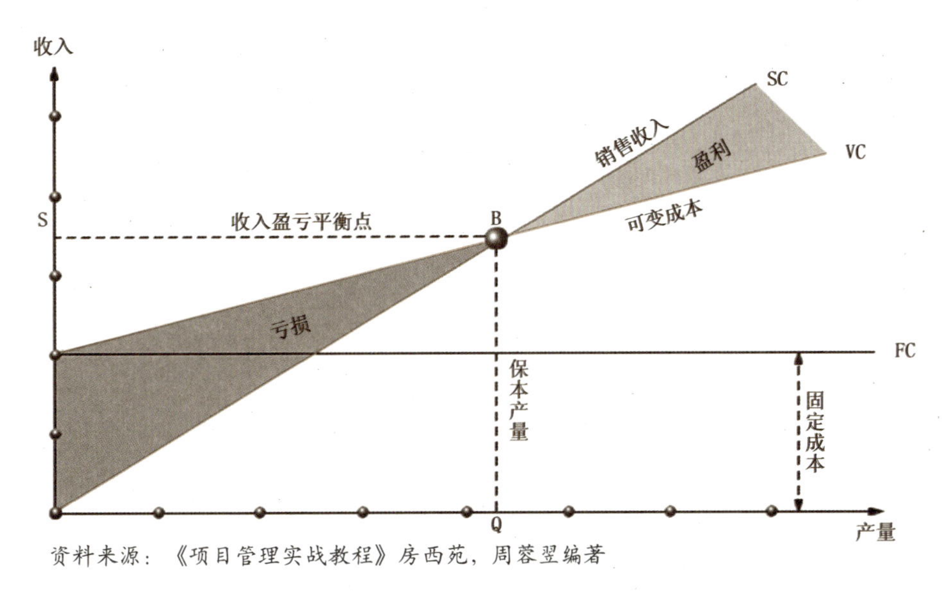

资料来源：《项目管理实战教程》房西苑，周蓉翌编著

图7–11　盈亏平衡点分析

7. 经济策划

项目的投资总是希望得到最大化回报的。经济的指标贯穿于项目进行的全过程。在项目的策划阶段，无法也无需以较高的精确程度给出最终费用，但是大致的费用估算、相对准确的投资预算、项目盈亏计算以及成本回收周期等，是经济策划的主要内容。

8. 综合策划报告

策划程序经过上述几道过滤器之后，各种想法就得到了筛选和提炼，项目的优先考虑事项也已确定，现在我们把各个环节的结论归纳整理为综合策划报告，提供给投资方、设计师、政府相关机构以及项目相关人员。

综合策划报告的记载与表达可以有多种多样的途径和形式，通常分为框图草图及文字表格两种形式（图7-12）。

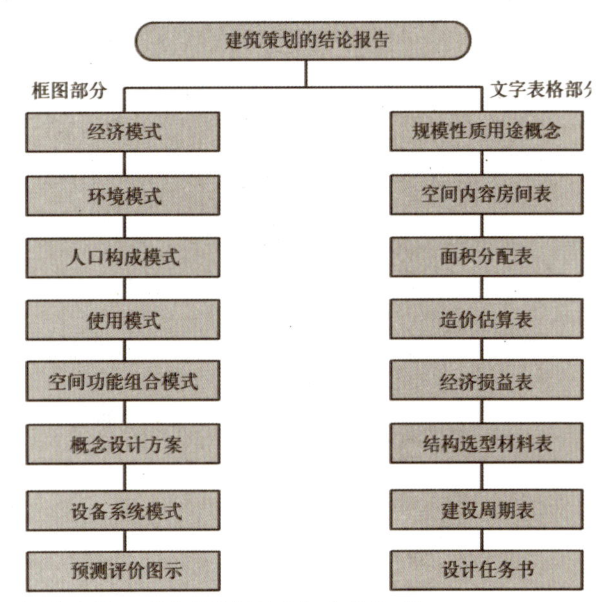

资料来源：《建筑策划导论》庄惟敏 著

图7–12　建筑策划结论报告的组成

案例2——北京民福桃源老年社区项目（注10）

1. 项目背景研究

民福桃源项目是专门为全国民航系统老年离退休职工及家属服务的高档社区，是集老年人养老、生活、度假、娱乐、休闲、医疗、健身于一体的多功能老年社区。项目位于北京市昌平区兴寿镇桃林村，总用地面积367200平方米，地上建筑面积100200平方米，容积率为0.9，用地性质为旅游设施用地。

项目地理环境优越，属于北京市政府确定的桃峪口市级旅游开发区内，闻名遐迩的银山塔林、青山滴翠的大杨山国家森林公园以及碧波荡漾的桃峪口水库就在项目所在区域。周边环境属于典型的京北浅山地形，四周林木繁茂，气候适宜、空气清新、青山掩映、风光秀美，是国际化大都市周边不可多得的天然奢侈品。

根据总体规划，项目内部和周边将建成占地面积320亩的生态公园和占地面积1000亩的高尔夫球场。生态公园和高尔夫球场建成后将成为一个巨大的天然氧吧和休闲场所，使入住者真正享受到回归生活、回归自然的感觉。优良的环境和清新的空气是确保老年人健康长寿的重要因素。

2. 确定项目目标和目的

民福桃源老年社区项目的建设目标是成为国家民政部老年社区推广项目，使得民航老年职工能真正体会到老有所养、老有所乐、老有所学、老有所医、老有所为、老有所享。

以新型的“在宅养老”模式打造民航系统老年社区，以更加人性化的设计理念，为老年人建造最宜居的理想家园。

除了项目本身的优良品质外，全新的运营模式以及“以人为本”的个性化的延伸服务，为入住项目的每一位住户提供全新的养老与休闲体验，这也是本项目的目标和最大的亮点。让老年人实现“一处置业、全国养老”的梦想。

由于项目尚在深化设计建设之中，很多因素还需不断反馈、论证和修正。其余各条略过不列举了。值得一提的是，由于本项目主要面向民航系统老年离退休职工及家属，新型的“在宅养老”模式得以推广，并具有复制性。社区可帮助入住者将原有的住房出售或出租，免除大家的后顾之忧。入住民福桃源的住户，还将享有在全国五大城市的分时居住权利。在建设北京项目的同时，还拟将在成都、海南、长沙、沪杭等省、市选址建设同类社区。真正实现住户可根据气候变化与个人喜好，在全国各大地区体验各具特色的休闲养老生活。

图7-13 民福桃源老年社区平面示意图

案例3——日本大阪收费老年公寓项目（注11）

这里再介绍一个日本的策划案例。第三章中我们已经介绍了日本高龄者设施的定位和分类，其中的第7项全自费老人之家没有国家的补助金，入住对象也没有限制，且以具有社会信用的民间企业为经营主体，这种类型的养老设施值得我们借鉴。其中的一些理念、方式以及收支估算，可以作为参考。

为了便于阅读，我们也按照案例1的格式和顺序加以说明。

1. 项目背景研究

该项目投资方是日本关西地区的制造企业，在当地经营发展多年，萌生为地方作些贡献的想法，投资福祉事业造福社会。

项目投资方拟在旧厂址内，将几乎废弃的员工宿舍及员工食堂改造或推倒重建，一方面通过改造将收益资产转换，另一方面为当地居民作贡献。

2. 确定项目目标和目的

目标一：改造旧建筑实现收益资产转换

建设40人的日间照料中心

认知症对应型共同生活护理9人

开设居家护理支援（社区服务）中心

租赁及销售老年用品和福祉器具

目标二：拆除废弃的员工宿舍，新建护理型收费老年公寓

目标三：为当地居民作贡献

繁荣本地区商业

创造就业机会

3. 收集和分析信息

自20世纪90年代日本经济低迷以来，特别是2000年《介护保险法》的制度化，一部分费用可由介护保险支付，全自费老人之家逐渐普及并向大众化发展，入住对象从富裕阶层延伸至中间层上下，逐渐形成介护产业。

全自费老人之家根据其居住权利形态的不同分为三类（表7-3），使用费的支付方式也分为三种（表7-4）。

表7–3 居住权利形态

居住的权利形态	表示事项的说明
使用权方式	这是租赁契约以外的一种契约形态。居住部分和介护、生活支援等服务部分的契约一体化
建筑物租赁方式	这是与在租赁住宅居住相似的契约形态。居住部分和介护等服务部分的契约分开，入住者死亡后租赁契约仍然有效
终身建筑租赁方式	这是建筑租赁契约的特别类型。根据都道府县知事为确保高龄者安定居住的相关法律规定，终身享受建筑租赁权的契约形态。入住者死亡后契约自动终止

资料来源：日本厚生劳动省《收费老人之家设置运营标准指导方针》老发第0331002号2006年3月31日。

表7–4 使用费的支付方式

使用费的支付方式	表示事项的说明
一次性押金方式	一次性支付相当于终身使用费的全部或者一部分预付款的方式
按月支付方式	不收取预付款，按月支付租金的方式
可选择的方式	根据入住者的情况，可以自由选择一次性方式或月付方式

资料来源：日本厚生劳动省《收费老人之家设置运营标准指导方针》老发第0331002号2006年3月31日。

为了更好地理解，特将当地介护保险使用规定和每个月的使用限度额列于下表（表7-5）。

表7–5 当地介护保险使用规定

分类	身心的状态	利用服务的内容	1个月的利用限度额	利用者负担额
要支援	入浴、排泄等可自理，步行等不安定	每周2次到设施内接受康复护理服务	6.15万日元	6150日元
要介护1	洗浴、排泄等部分需要护理，步行及站立等不安定	每周1次到设施内接受康复护理服务，每天多次上门访问护理	16.58万日元	1.658万日元
要介护2	洗浴、排泄等部分需要协助，步行及站立等极不稳定	每周3次到设施内接受康复护理服务，每天多次上门访问护理	19.48万日元	1.948万日元
要介护3	排泄、洗浴、穿脱衣服等需要全面的协助护理，步行、站立不能自己完成	包含夜间(或早晨)的访问护理每天2次上门服务	26.75万日元	2.675万日元
要介护4	饮食、洗浴、穿脱衣服等日常生活需要全面的护理及协助	包含夜间(或早晨)的访问护理每天2～3次的上门服务	30.6万日元	3.06万日元
要介护5	生活全方位需要护理及协助	包含夜间(或早朝)的访问护理每天3～4次的上门服务	35.83万日元	3.583万日元

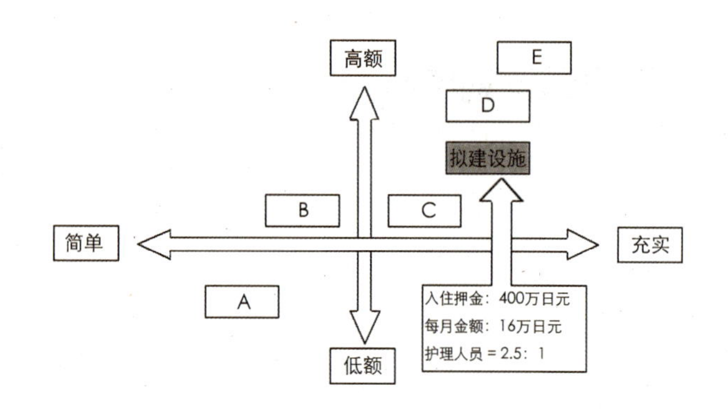

4. 确定策略和方案构想

根据收集和掌握的信息，本项目决定采用使用权方式。根据周边设施及该地区居民收入调研，设定本项目在中档偏上的水平（表7-6）。

按规定，有超过10人以上的老人入住，提供饮食等日常生活照料即可申请开设全自费老人之家。本项目设定为

表7–6　拟建设施和周边施设比较后定位

设施	契约方式	居室面积	入住押金	每月入住费用(含消费税)	员工比例	共用设施
A	使用权方式	13.33m²	无	14万零300日元 *含餐费	3:1以上	冷热空调齐全、特殊浴室、紧急通报系统
B	(终身)使用权方式	18m²	无	23万2806日元–29万7454日元 *含餐费　*含介护保险负担10%部分	要支援要介护者3名以上配换算为正常班1名以上	起居室(兼食堂、机能训练室)、对应轮椅的升降梯的浴室、个人浴室、洗衣室、卫生间
			350万日元–840万日元	25万5754日元–13万2806日元 *含餐费　*含介护保险负担10%部分		
C	租赁方式	18.09m²	60万日元	17万7500日元 其中：管理费6万4200日元、房租6万日元、餐费5万3550日元	入住者2.5人配备1人以上	餐厅、健康管理室、谈话室、浴室、洗衣室、晒衣场地
D	使用权方式	19.86m²–33.10m²	1450万日元–2300万日元	20万520日元 其中：管理费10万5000日元、餐费5万3520日元、护理费4万2000日元(要介护1-5)	2:1以上	餐厅(与机能训练室合用)、餐厅(与多功能室合用)、护理浴室、一般浴室、谈话角、护理保健室、健康咨询室
E	使用权方式	21.8m²–68.4m²	3000万日元–6000万日元	24万1500日元–83万7000日元 其中：管理费12万750日元–13万1250日元、餐费7万8750日元、房租相当额：25万日元–58万5000日元	1.5:1以上	来客用房、茶室、图书室、美容理发室、康复理疗室、大浴场3处、护理浴室5处、洗衣室、共用卫生间

资料来源：根据各设施网页资料集成。

老年公寓50人，认知症对应型共同生活护理9人，日间照料中心40人，以及居家护理支援（社区服务）中心。

设定老人居室以单人间及少量双人间构成，居室净面积设定为最低21平方米，比周边设施平均20平方米略高。方案构想见图7-14。

5. 经济策划

这里着重介绍一下该项目的经济策划和项目收支估算。

经测算，本项目建设费用（含精装修及设备设施）约需5亿日元（约合人民币3500万元，相当于每平方米造价约11000元）。

收入分为两个部分，一是来自介护保险，每年约1.2亿日元，另一方面来自入住者（表7-7）。

日常收入合计见表7-8。

日常支出部分分为人件费、营销经费、设施经费和一般经费（表7-9）。

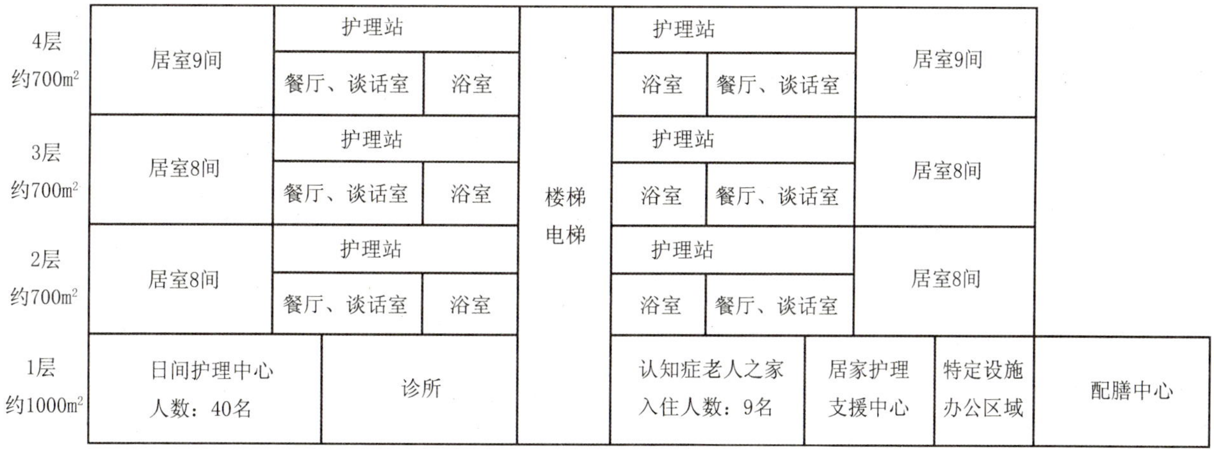

4层 约700m²
居室9间
护理站
餐厅、谈话室
浴室
护理站
浴室
餐厅、谈话室
居室9间

3层 约700m²
居室8间
护理站
餐厅、谈话室
浴室
楼梯 电梯
护理站
浴室
餐厅、谈话室
居室8间

2层 约700m²
居室8间
护理站
餐厅、谈话室
浴室
护理站
浴室
餐厅、谈话室
居室8间

1层 约1000m²
日间护理中心 人数：40名
诊所
认知症老人之家 入住人数：9名
居家护理支援中心
特定设施办公区域
配膳中心

总建筑面积约3100m²　建设费用（含精装修）约5亿日元（相当于16.13万日元/平米）

资料来源：日本优建筑设计事务所提供。

图7-14　策划用地内收费老年公寓的构想图

表7-7 入住者需缴纳的费用

			月额收入计	年额收入计
	每月费用	人数	护理报酬以外	护理报酬以外
餐费	4.5万日元/月	50人	225万日元/月	2700万日元/年
房间费	7.6万日元/月	50人	380万日元/月	4560万日元/年
管理费	3万日元/月	50人	150万日元/月	1800万日元/年
光热水费	9000日元/月	50人	45万日元/月	540万日元/年
小计	16万日元/月		800万日元/月	9600万日元/年

其他:下记项目未列入收支计算表内，参考收费如下。

洗浴护理	1500日元/回	每周超过3回时另行请求
陪同去医院看病治疗	1500日元/时间	
购物代理	1500日元/时间	每周1回(指定日)以外
纸尿裤等日常消耗品	实费	
代办各项手续	1500日元/时间	
居室清扫	1200日元/回	每周超过1回时另行请求
洗衣费	1200日元/回	每周超过3回时另行请求
更换床单被罩	500日元/回	每周超过1回时另行请求
居室配膳	500日元/回	含康复期疗养时以外的居室配膳
康复护理费	实费	

资料来源：日本优建筑设计事务所提供。

表7-8 经常收入合计

经常收入合计(按入住率100%计算)			1737万9423日元/月	20855.3079万日元/年
(入住率变动时)		入住率		
第1年	33人	66%	1147.419万日元/月	13764.5032万日元/年
第2年	38人	76%	1320.8362万日元/月	15850.0340万日元/年
第3年	43人	86%	1494.6304万日元/月	17935.5648万日元/年
第4年	45人	90%	1564.1481万日元/月	18769.7771万日元/年
第5年以后	48人	96%	1668.4246万日元/月	20021.0956万日元/年

资料来源：日本优建筑设计事务所提供。

表7-9　经常支出

[人件费]

职　位	工作时间	人数	每月工资	明　细	年　薪	备　注
管理人员	常勤(8小时工作)	1人	20万/月	12月+奖金2月	280万/年	1人：兼任办公管理
计画作成担当者	常勤(8小时工作)	1人	23万/月	12月+奖金2月	322万/年	对应入住者100人配备1人以上
生活咨询员	常勤(8小时工作)	1人	20万/月	12月+奖金2月	280万/年	对应入住者100人配备1人以上(按常勤换算)
机能训练指导员	常勤(8小时工作)	1人	25万/月	12月+奖金2月	350万/年	1人：需要相关资格证书
护理人员	常勤(8小时工作)	2人	20万/月	12月+奖金2月	560万/年	入住者30人以下配1名，以后每50人追加1名
护工	常勤(8小时工作)	10人	18万/月	12月+奖金2月	2520万/年	护理人员+护工=要护理者数/3=17人
护工	非常勤(白班)	9人	850/小时	8小时/日	2233万8000/年	勤务形态表作成，以护工常勤10名时剩余的必要时间为 504小时/相当于每周1天必要人员换算的人数：504/7/8=9人
营养师	业务委托	-				
厨师	业务委托	-				
司机等	由常勤者对应	-				
保洁工	由常勤者对应	-				
合计		25人		直接人件费小计	6545万8000/年	
				法定福利费	1309万1600/年	假设为直接人件费 X 20%
				总计	7854万9600/年	

[销售经费]

	月额	年额	备注
广告费	20万	240万	按照20-40万/月设定，尽可能自行制作
销售经费 小计		240万	

[设施经费]

建筑租金	480万	5760万	564.7坪x8万5000日元=480万/月
设施保险金		50万	建筑投资金额的0.1%　建筑投资金额按5.0亿日元计算
修膳费		500万	建筑投资金额的1.0%
保守费			投资者负担
租赁费			
面包车 1辆	6万/辆/月	72万	大型车：10人乘
中型车 1辆	3万7000/辆/月	44万4000	
设施经费 小计		6426万4000	

[一般办公费]

	月额	年额	备注
福利厚生费		10万	
水道光热费	35万(7000/人.月x50人)	420万	電费6000、水费500、燃气500/月/人
通信搬运费	7万/月	84万	
业务委托费	8万2620(1万6524/人.月x50人)	991万4400	配餐业务　厨房全部　6人x270万x1.2(法定福利)=1944万...按收费老年公寓人数的51%划分
配　餐　费	90万(1万8000/人.月x50人)	1080万	仅为原料费(厨房人件费计入委托费中) 朝150、昼200、夜200+50(计600/人/日)
损害保险金	2万5000(500/人.月x50人)	30万	
保健卫生费	5万/月	60万	
被　服　费			
娱乐活动费	7万5000(1500/人.月x50人)	90万	
日用　品费	2万5000(500/人.月x50人)	30万	
介护用品费	2万5000(500/人.月x50人)	30万	原则上按实际发生费用征收
委托检查费	2万/月	24万	
消耗　品费	5万/月	60万	
机　器　费	5万/月	60万	
杂费(经费)	10万/月	120万	
一般办公费小计		3089万4400	(事业收益x15%左右)

经常支出合计		1亿7610万8000	

经常收入-经常支出(入住率按100%计算)	3244万5079/年

(入住率变动时)		入住率	
第1年	33人	66%	-3244万5079/年
第2年	38人	76%	-1760万7660/年
第3年	43人	86%	324万7648/年
第4年	45人	90%	1158万9771/年
第5年以后	48人	96%	2410万2956/年

资料来源：日本优建筑设计事务所提供。

根据入住老人的健康和要护理程度，人员配置是按照2:1设定的，即2名入住者配备1位工作人员。人员配置的最低限为3:1，大多为2.5:1~1.5:1。工资基数按照平均值计算，实际情况会略有增减。

该项目的收支计划按照100%入住率计算略有盈余（表7-10），如果按照不完全入住测算，则出现亏损（表7-11），入住率保证在80%则可以持平。

表7–10　收支计划表（按利用率100%算定）　**单位：日元／年**

	收费老年公寓	认知症老人之家	日间护理中心	合　计
介护费基本收入合计	11255.3079万	3010.082万	7976.9664万	22242.3563万
介护费各种加算收入	-	-	1810.3104万	1810.3104万
入住者缴纳费用合计	9600万	1630.8万	0	11230.8万
经常收入合计	2855.3079万	4640.882万	9787.2768万	35283.4667万
人　件　费	7854.9600万	1750.0978万	4355.1万	13960.1578万
销　售　经　费	240万	3.6万	120万	363.6万
设　施　经　费	6426.4000万	1507.188万	1248.384万	9181.972万
一　般　办　公　费	3089.4400万	607.7464万	1312.0133万	5009.1997万
经　常　支　出　合　计	17610.8万	3868.6322万	7035.4973万	28514.9294万
经常收入-经常支出	3243.7621万	772.2498万	2751.7796万	6767.7915万

资料来源：日本优建筑设计事务所提供。

表7–11　收支计划表（按利用率降低后算定）　**单位：日元／年**

	收费老年公寓	认知症老人之家	日间护理中心	合计
利　　用　　率	65%	80%	70%	-
介护费基本收入合计	7315.9501万	2408.0656万	5583.8765万	-
介护费各种加算收入	-	-	1267.2173万	-
入住者缴纳费用合计	6240万	1304.64万	0	-
经常收入合计	13555.9501万	3712.7056万	6851.0938万	-
人　件　费	7854.96万	1750.0978万	4355.1万	-
销　售　经　费	240万	3.6万	120万	-
设　施　经　费	6426.4万	1507.188万	1248.384万	-
一　般　办　公　费	3089.44万	607.7464万	1312.0133万	-
经　常　支　出　合　计	17610.8万	3868.6322万	7035.4973万	-
经常收入-经常支出	-4054.8499万	-155.9266万	-184.4035万	-4395.1799万

资料来源：日本优建筑设计事务所提供。

其余几条就不再列举了。

7.3 全过程项目管理及设计建设规划流程

前面已经提到，全过程项目管理是对工程项目的生命周期各阶段进行全过程的管理，会涉及范围、进度、成本、质量、人力资源、沟通、采购、风险、综合管理九个职能领域的内容。

工程项目管理介入工程项目的最佳时机是决策阶段的前期。这个时期项目建设的前期立项、策划基本定位，项目的建议书已获批准。项目管理公司的介入，可以把项目纳入到规范化的项目管理轨道。

我国现行的建设工程项目程序可分为项目建议书、可行性研究、建筑策划、建筑设计、建设准备、施工安装、竣工验收以及试运行交付使用八个阶段。前两个阶段合称为决策阶段，建筑策划和建筑设计是规划设计阶段，建设准备和施工安装阶段合起来是实施阶段，竣工验收及试运行交付使用并称为项目收尾阶段（图7-15）。工程项目的每一个阶段都包含了启动、计划、实施、控制、收尾的过程，而每一个过程又都有从输入转化为输出的彼此相关的资源和活动。（表7-12）

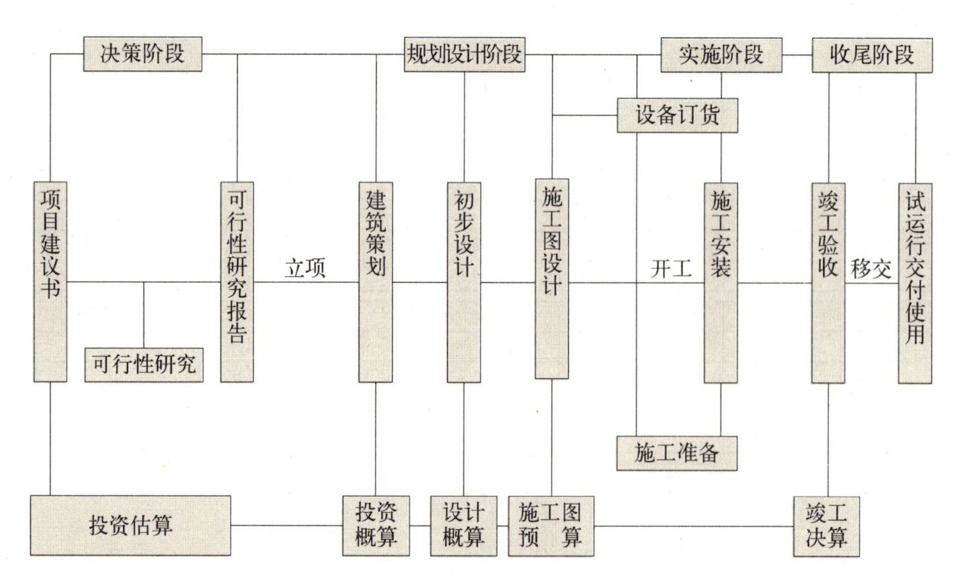

图7—15 建设工程项目程序图

表7-12 养老设施建设规划及其流程

阶段	策划阶段		设计阶段		施工阶段		开业准备
设计部门	研究构思	拟定条件	总体设计	初步设计	施工图设计	工程管理	
运营部门	设立理念 设置建设委员会 政府有关部门听取会	拟定基本的计划	研究建设计划 运营计划	研究初步设计图 办理政府有关部门手续	开业准备计划 合同发包	开业准备 迁移计划 竣工移交	维修 计划
工程推进主体 咨询功能	市场调查 提供医疗动向的信息 政府有关部门听取会	编写根据各种调查获取的研究资料	研究工作日程 所需医疗器械、备件成本试行方案调查建设成本		控制成本 决定器械备件	调查准备开业的意见	
工程推进主体 设计功能	检查建筑有关法规概况	根据调查资料编写策划方案 编写总体配备计划方案	确定初步设计条件 附带设计计划	总体设计图 编写成本计划 各种手续用图	编写本设计书 附带设备图 编写建筑确认申请书	施工监理 设计说明书	使用说明
工程推进主体 施工功能		调查建筑用地概况 估计概算 全部施工进度表 调查现存设备	调查实施详情		临时建筑计划 估计预算 施工计划	施工管理	维修
工程推进主体 协调功能		编写筹措资金手续资料	编写政府有关部门手续资料（与医疗保健所交涉）	编写政府有关部门手续资料（开设批准申请）	编写政府有关部门手续资料（开设确认申请）	编写政府有关部门手续资料（使用批准申请）	

1. 项目建议书阶段

项目建议书是项目发起人向政府相关部门提出的要求建设某一工程项目的建议文件。主要对建设项目提出轮廓设想，从拟建项目的必要性及其方向性进行阐述。客观上，该项目要符合国民经济长远规划以及部门、行业、地区的规划要求。项目建议书实际上是一份机会研究报告和初步可行性研究。

项目建议书的主要内容包括：

(1) 建设工程项目提出的必要性及依据

(2) 产品方案、拟建规模和建设地点的初步设想

(3) 资源情况、建设条件、合作关系的初步分析

(4) 投资估算和资金筹措设想

(5) 项目的大致进度安排

(6) 经济效益和社会效益的初步估计，包括初步的财务评价和国民经济评价

国家规定的项目建议书审批程序为：

(1) 投资在2亿元以上的重大项目由国家计划管理部门审核后报国务院审批

(2) 大中型项目由国家计划管理部门审批

(3) 中小型项目按隶属关系由各主管部门或地方计划管理部门审批

原则上，项目建议书经批准后，方可进行可行性研究工作。但实际工作中，常常以可行性研究报告代替项目建议书。

2. 可行性研究阶段

可行性研究是对工程项目的合理性、盈利性、先进性以及适用性等方面进行综合论证的工作方法，对项目在技术上、经济上（包括宏观经济和微观经济）是否可行进行科学分析和论证，是技术经济的深入论证阶段，研究结果一般要求对项目回答六个问题（5W+1H），即：要做什么（What）、为什么做（Why）、何时进行（When）、谁来承担（Who）、建在何处（Where）以及如何进行（How）。可行性研究报告书成为项目决策的依据。

可行性研究的内容可概括为市场（供需）研究、技术研究和经济研究三个方面。以养老项目为例，其主要内容如下：

(1) 总论：项目的投资背景，投资的必要性和经济意义，研究工作的依据和范围

(2) 需求预测和拟建规模分析

(3) 环境、资源和周边设施情况

(4) 选址条件及方案

(5) 概念性设计方案

(6) 环境保护及评价

(7) 组织、人员和培训等估算

(8) 进度安排及建议

(9) 投资估算及资金筹措

(10) 社会效益、环境效益以及经济效益评价

在可行性研究的基础上提出可行性研究报告，其审批程序及权限与项目建议书相同。可行性研究报告经批准后，项目才算正式立项。

我国的建设工程可行性研究是自改革开放以来大量引进外资后才明确提出并实施的，主要是对项目投资经济损益的分析研究。

以上两个阶段合称为项目决策阶段。

3. 建筑策划阶段

建筑策划主要是在项目立项后，研究建设工程项目的规模、性质、空间内容、使用功能要求、环境、技术、材料等影响建筑设计和使用的因素，为建筑师进行建筑设计提供科学的依据。而可行性研究的结论往往是项目投资投资活动的依据，两者操作主体不同，研究领域不同，结论的对象也不同。尽管有些方法、结论可以借鉴，但两者截然不同，不可替代。

建筑策划的内容前面已经提到，主要包括：

(1) 项目背景研究

(2)确定项目目标和目的

(3) 收集和分析信息

(4) 确定策略和方案构想

(5) 建立量化的经济技术要求

(6) 相互匹配的技术构想

(7) 经济策划

(8) 综合策划报告

4. 建筑设计阶段

以可行性研究报告的要求和建筑策划结论为依据，就可以进行建筑设计了。一般项目分为两阶段设计，即：初步设计和施工图设计。技术上比较复杂而缺乏设计经验的项目，要进行三阶段设计，即：初步设计、技术设计和施工图设计。

初步设计的内容包括以下文字说明和图纸：

(1) 设计依据及设计指导思想

(2) 建设规模及设计方案

(3) 空间尺度及其性能、要素的把握

(4) 结构、构造方式

(5) 材料、设备选型

(6) 主要经济技术指标

(7) 建设顺序及期限

(8) 设计概算

施工图设计的主要内容包括：

(1) 设计总说明及工程做法表

(2) 建筑平立剖及外檐详图

(3) 节点大样及特殊件详图

(4) 建筑结构系统及配筋图

(5) 采暖空调防排烟系统

(6) 给排水设备系统

(7) 强弱电消防自控系统

(8) 室内设计图

技术设计一般是对重大工程项目或者特殊项目，为进一步解决具体技术问题或确定某些技术难题而进行的设计。是对初步设计阶段中无法解决而又需要研究进一步解决的问题所进行的一个设计阶段。

设计工作还包括编制各阶段设计文件、移交文件进行设计交底、变更洽商、配合施工、参加验收、结算和总结。

建筑策划和建筑设计阶段合称为规划设计阶段。

5. 建设准备阶段

建设准备的主要工作内容包括：

(1) 拆迁及场地平整

(2) 组织施工招标，择优选择施工单位

(3) 准备必要的施工图纸

(4) 编制施工项目管理实施规划

(5) 完成施工用水、电路、临建等工程

(6) 组织设备、材料订货

上述准备工作完成、具备开工条件后，便可提出开工报告，申领施工许可证，报请政府主管部门批准开工。

6. 施工安装阶段

工程项目经批准开工建设，便可进入施工安装阶段。这是实现决策目标、发挥投资效益的重要环节，是影响工程项目投资和最终成果的关键阶段。主要包括进度、质量、投资的控制，是项目周期最长、实际花费资金最多的阶段，也是项目控制、管理、协调的关键性过程。

为了施工顺利实施，施工单位必须编制施工项目管理实施规划尽享详细的安排和组织。委派项目经理，成立项目经理部，签订项目管理目标责任书等。按照施工工艺要求和项目管理目标，控制项目进度、质量、成本，安全、现场管理、合同管理、信息管理、生产要素管理、组织协调能有效支持目标控制。

施工安装阶段应按设计要求、合同条款、预算投资、施工程序和顺序、施工组织设计，在保证质量、工期、成本计划等目标实现的前提下进行。合同任务完成后，编写工程验收报告，申请进行竣工验收。

建设准备和施工安装阶段合称为实施阶段。

7. 竣工验收阶段

工程项目按照设计文件规定的内容全部完成后，需要组织竣工验收。施工单位提出验收报告，编制竣工收尾与验收计划，按照计划进行收尾、验收、整理资料、归档、结算等工作。这是投资成果转入生产或使用的阶段。与投资方共同按照适用于该项目的程式和顺序进行验收，并对已完成项目的目的、执行过程、效益、作用和影响进行系统、客观地后评价分析，考察项目目标是否合理、有效，论证项目能否持续发展。

8. 试运行交付使用阶段

为确保所交付的成果顺利使用，需经过试运行进行全面的检验和调试，最终移交工程项目产品，总结经验、竣工决算，移交档案资料及竣工图、终止合同，结束工程项目活动及过程，完成工程项目管理的全部任务。

竣工验收及试运行交付使用并称为项目收尾阶段。

通过上述八个阶段走完了工程项目生命周期的全过程。这一过程中项目管理贯穿始终，大过程划分为多个阶段，每个阶段又包含了启动、计划、实施与控制、收尾的小过程，这就是项目管理学中的辩证法。每个阶段中各个过程的主要工作内容见表7-13。

表7-13　建设工程各阶段的主要工作内容

阶段	启动	计划	实施与控制	收尾
项目建议书	项目决策	编写项目建议书的规划	编写项目建议书并论证	项目建议书上报审批
可行性研究	可行性研究立项	可行性研究计划（大纲）	可行性研究并编写可行性研究报告书	可行性研究报告上报审批
建筑策划	项目立项	策划构思计划	调研并撰写策划书	提交综合策划报告
建筑设计	设计投标	签订设计合同	设计实施和目标控制	提交设计文件
建设准备	取得建设规划许可证	编制建设准备工作计划	进行技术、物资、人力资源、现场等准备工作	上报开工报告或申领施工许可证
施工安装	取得开工报告或施工许可证	编制项目管理实施计划	目标控制，成本、工期、质量管理及组织协调	提交验收报告
竣工验收	取得竣工验收报告	竣工验收计划	收尾、验收、整理资料档案，竣工图，结算	验收合格准备移交
试运行交付使用	工程移交	运行计划及开业准备	运行、调试、操作使用人员上岗培训	工程交付使用，资料移交、决算，项目管理总结、后评价，合同终止

每个阶段、每个过程的项目管理都是非常重要的，一般来说，管理风险的发生概率最高为50%，市场风险的发生概率是20%，技术风险的发生概率是10%，三种风险同时发生的交集概率是这三个数的乘积：50%×20%×10%=1%（图7-16），针对项目每个阶段的特点及存在的问题，有效进行管理，对于节约工期、降低造价、提高工程质量具有极其重要的作用。

以设计阶段为例，目前国内设计阶段存在的问题主要有如下几个方面：

1. 勘察设计单位的职能式组织结构和长期形成的运行管理惯性，有碍于设计按照项目进行管理，职能式组织和项目式及矩阵式组织常常产生矛盾。在项目进行过程中，合理有效地调配资源，共同协作以达到利益最大化的目标很难实现。因此，建立适合项目管理的矩阵式组织结构是实施项目管理的基础。

2. 对项目经理的授权难以到位。虽然明确了工期、技术要求、费用等指标，但实际操作过程中人权、财权、资源的控制权均不到位，项目经理需要协调的各专业、技术、行政方面的交叉点很多，工作难度加大。因此，在项目下达时必须明确项目承担主体或项目经理的责、权、利，以及投资、质量、进度和安全等指标，充分授权，使项目经理能真正负起项目的责任至关重要。

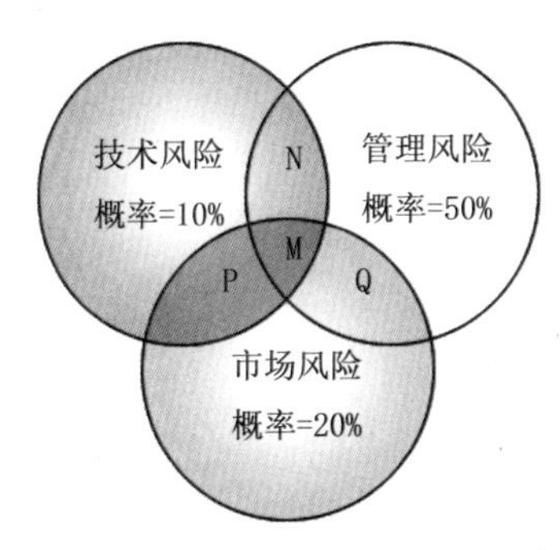

图7–16　管理风险概率

3. 目前国内某些工程设计规范跟不上国内飞速发展的形势，而有很多建筑设计单位还在沿用旧的设计规范，难免会造成设计工作的落后。还有些设计中使用的参数已不符合实际，设计图纸虽符合要求，施工中也是按图施工，但在交付使用后发现存在很大问题。对于这样一个现状，运用丰富的经验，加强图纸审核审查工作尤其重要。在施工过程中的试验论证，也能起到很大的作用，以避免损失。

4. 土建设计与装修设计的分家，常常导致项目管理过程中工作衔接出现问题，使工程造价普遍增高。加强设计管理和设计阶段的统筹计划，不仅有利于工作的衔接，而且能在功能方面更加合理化、人性化，真正做到客户利益最大化。

5. 目前的设计合同缺乏对设计方进度质量控制的有效约束，同时，由于上述多方面原因所造成的责任不清的问题也很难解决。因此，应该在设计合同中明确地尽可能详尽地表示出项目设计进度的关键点以及相关的成果要求。

6. 设计阶段缺乏整体的价值管理意识和控制。设计阶段是影响工程项目投资的关键阶段，当一份施工图付诸于实施，就决定了工程性质和工程造价的基础以及工程项目在造价上合理性。所以，设计阶段必须加强价值管理意识和有效的管理方法。

7. 施工中发生的现场签证和设计变更有相当一部分是由于设计深度不够、考虑不足，或是设计周期过短致使设计文件粗糙等问题造成的。做好项目前期投资管理，能够减少或避免设计变更。确需变更的则应尽量提前，变更发生得越早则损失越小。实践证明，如果前期工作都能按照项目管理的要求完成，则项目实施过程的变更是完全可以避免的。

8. 由于设计人员的经验水平不同，特别是一些设计人员缺乏施工现场经验，各专业间不能统一协调，往往造成设计质量参差不齐。因此，设计管理中的优化设计就更为必要。一般来说，工程监理方是从工程项目的设计是否符合规范及质量标准的角度来审核，工程施工方则是从工程技术角度确认各专业施工图技术上的可行性，而作为工程项目管理应从经营角度确认总体功能，从业主的立场及造价的角度出发，确认工程方案是否符合经济上合理的要求。

9. 施工过程中对进度和质量进行跟踪管理是设计管理的重要部分。只有这样才能将策划设计理念贯彻实施到项目的每一个局部，使得项目成果最大限度地实现最终目标。

一个成功的项目应该满足以下几个方面的要求：

1. 满足使用功能要求

2. 符合规定的（标准的）质量要求，经验收符合国家规范和标准的规定

3. 在规定的时间内完成

4. 投资额控制在规定范围内

5. 合理利用并节约资源

6. 与环境协调，满足生态和环保要求

7. 工程项目实施过程有规律、按计划、安全、有序，协调工作有效，无事故

8. 使用者和相关利益者满意，项目实施者和管理者得到信誉和良好形象

9. 后评估结论良好，投资效果、使用效果、环境效果及长远效果俱佳

工程项目管理模式主要有：

1. 建设单位自行组织建设

这是一种小生产方式的做法，由建设单位临时组建项目管理团队自行管理，一般只有一次教训，没有二次经验。

2. 工程指挥部模式

这种模式将军事指挥方式引进到项目管理中，适合于行政手段较强的项目，项目服

从于行政领导，有时难以全面符合生产规律和经济规律的要求。

3. 项目管理承包（Project Management Contractor，缩写为PMC）

PMC是指项目管理单位代表业主对工程项目进行全过程、全方位的项目管理，包括进行工程的整体规划、项目定义、工程招标、选择EPC（EPC是Engineering Procurement Construction的缩写，即设计、采购、施工总承包）承包商，并对设计、采购、施工过程进行全面管理，一般不直接参与项目的设计、采购、施工和试运行等阶段的具体工作。

PMC的费用一般按“工时费用+利润+奖励”的方式计取。

PMC可分为三种类型：

① 代表业主管理项目，同时还承担一些界外及公用设施的EPC工作。这种方式对PMC来说，风险高，而相应的利润、回报也较高。

② 代表业主管理项目，同时完成项目定义阶段的所有工作，包括基础工程设计、±10%的费用估算、工程招标、选择EPC承包商和主要设备供应商等。

③ 作为业主管理队伍的延伸，负责管理EPC承包商而不承担任何EPC工作，这种方式的风险和回报都比较小。

PMC的合同结构如图7-17所示。

PMC方式与EPC方式的主要区别见表7-14。

4. 项目管理组（Project Management Team，缩写为PMT）

PMT是指工程项目管理公司的项目管理人员与业主共同组成一个项目管理组，对工程项目进行管理。在这种方式下，项目管理服务更多的是作为业主的顾问，工程的进

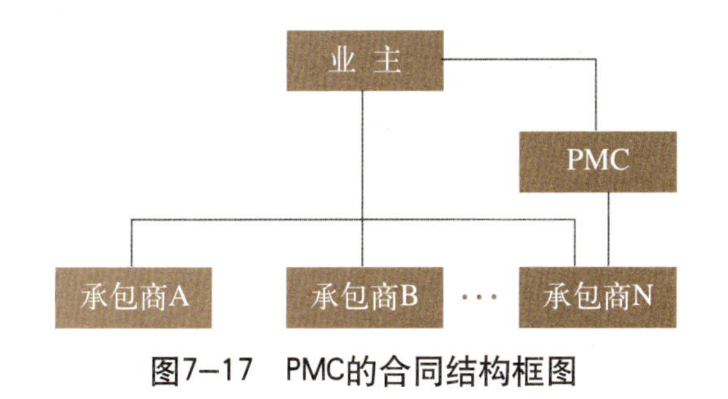

图7-17　PMC的合同结构框图

表 7-14　PMC方式与EPC方式的主要区别

比较内容	PMC	EPC
工作范围	专业化的服务	具体项目实施
保证	满足专业标准	要求用好的和熟练的技术实施
商务	费用补偿	固定总价
角色	业主的机构或代表	独立的承包商
进度	无进度担保	保证完成日期

度、费用和质量控制的风险较小。同时，这种方式加强了业主的管理，并使设计与施工良好结合，可缩短工期、降低成本投入。

PMT的合同结构如图7-18。

5. 施工管理（Construction Management，缩写为CM）

CM模式是代表业主进行施工阶段的项目管理。分为代理型和非代理型两种形式。代理型是由业主及业主委托的CM经理、建筑师组成联合小组，共同负责组织和管理工程的规划、设计和施工。CM经理对规划设计起协调作用，完成部分设计后即可进行施工发包，由业主与承包人签订合同。CM经理在实施中负责监督和管理，其与业主是合同关系，与承包人是监督、管理与协调关系。而非代理型的CM单位以承包人的身份参与工程项目实施，并根据自己承包的范围进行分包的发包工作，直接与分包单位签订合同。其合同结构如图7-19所示。CM的费用一般按“工程承包额×系数”的方式计取。

6. 建造-运营-移交模式（Build-Transfer-Operation，缩写为BTO）

BTO模式适用于大型基础设施、需要大量资金进行建设的工程项目。由业主方授予项目公司以特许权，项目公司负责融资和组织建设，建成后负责运营并偿还贷款，在特许期满时将工程无条件移交给业主方。这种模式可强化全过程项目管理，大大提高工程项目的整体效益。PFI方式（Private Finannce Initiative）是近年国际上较为常见的一种投资形态，意为使用民营的资金加之有效的经营主体，使其导入社会资本整备的一种模式。PFI方式有四种形式，BTO方式是其中指定用于工程建设项目的一种形式。

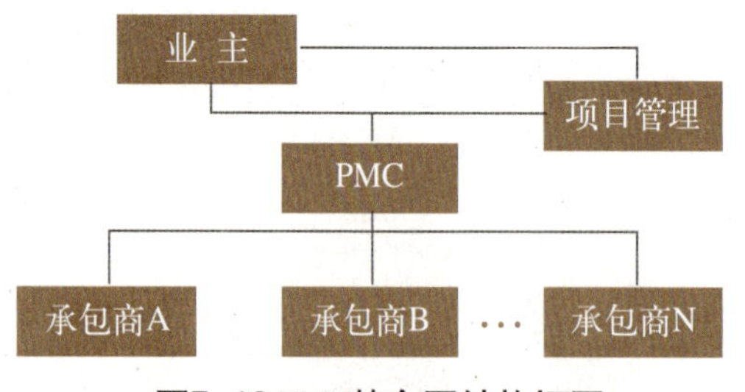

图7–18 PMT的合同结构框图

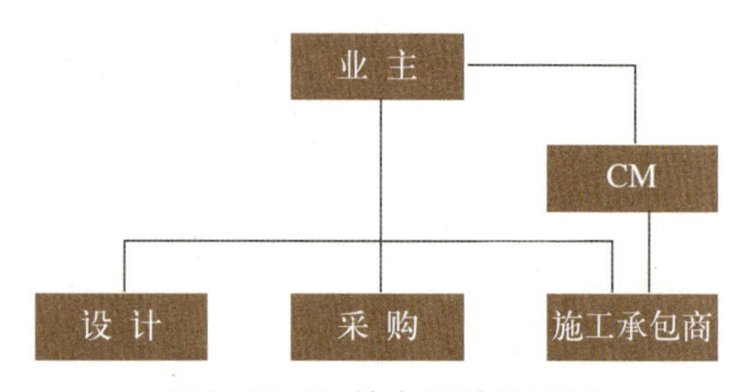

图7–19 CM的合同结构框图

最后，再来说说工程项目管理与设计方、监理方、施工方的区别。因为我们在实际工程项目管理实施过程中，常常遇到这样的提问，作为工程项目管理公司在项目实施过程中起到哪些作用？有什么好处？有何区别？

1. 工程项目管理与设计方的区别

• 设计管理是工程项目管理的一个重要组成部分。

• 工程项目管理是站在业主方的角度，通过对设计的管理，解决投资控制中存在的问题，最大限度地减少并尽可能提早设计变更。

• 在设计阶段加强对工程项目三大目标（投资、进度和质量）的控制，提供优化设计、细部设计、施工工法及方案等，以实现“客户利益最大化”的目标。

2. 工程项目管理与监理方的区别

• 监理的职责在于制定实施规范，项目管理的职责在于规范实施。

• 我国实行工程监理制是强制性的，主要是负责项目实施阶段的管理，特别是质量管理工作。

• 项目管理的角度是代表业主方对该项目进行具体管理和协调，包括质量、进度、成本的控制，各承包单位及监理单位、设计单位的工作协调。

• 也就是说项目管理单位比监理单位站的位置更高，针对项目的管理更全面。

3. 工程项目管理与施工方的区别

• 工程项目管理，是站在业主方的立场上，通过项目管理的技术手段和实践经验，尽可能减少项目的投资成本和运营成本，实现“客户利益最大化”的目标。

• 业主方项目管理与施工方项目管理的实施主体、管理目的、内容和管理范围不同。

• 从管理目标和盈利的方式来看，两者也有着本质的区别。

业主方的项目管理是全过程的，包括项目策划阶段、开发准备阶段、实施阶段和结束阶段的各个环节。

由于工程项目的建设是一次性的、具有独特性的复杂任务，每个业主都建立一个筹建处或基建处来管理工程建设，不仅不利于资源的优化配置和动态管理，也不利于建设经验的积累和应用。同时，业主方自行实行项目管理，往往会有很大的局限性，如果没有连续的工程任务，也是极不经济的。

在市场经济体制下，业主可以依靠社会化的专业机构，为其提供项目管理的专业化、系统化的服务。

根据我们所经历的工程项目管理实践证明，选择专业的项目管理机构、正确运用项目管理相关知识和技巧，可为投资方节约投资成本、缩短工期并提高建设质量。

国际养老项目在国内还是一个正在兴起的朝阳产业，市场的发展前景方兴未艾、大有可为。自1999年我国迈入老龄社会至今整整10年了，期间很多人试图尝试养老项目，探索符合中国国情的养老模式，开发老年地产项目，但始终没有形成良性循环，因为它不会是一个暴利的产业，策划建设、经营好这样一个多元化的项目，并要经营出品位和特色不是一件容易的事。特别是在初期作为探索示范的阶段，维持运转都会有一定的困难。

但是，其发展趋势不容忽视，市场需求逐年增加，只要决策、策划、全过程项目管理在专业指导下有序进行，必将打造出符合中国国情的、舒适的、人性化的、国际化的养老环境。希冀我们每个人都能为了父母、为了自己、为创造和谐社会尽一份力。

注释：

注1：部分内容引自华高莱斯《技术要点》文章。

注2：日本把介护服务按照需要护理的程度分为7个等级，要支援Ⅰ~Ⅱ，要介护Ⅰ~Ⅴ，不同等级享受不同的护理服务和保险金支援。

注3：终身使用权方式，这是建筑租赁契约的特别类型。根据都道府县知事为确保高龄者安定居住的相关法律规定，入住者终身享受建筑租赁权的契约形态。入住者死亡后契约自动终止。

注4：资料来源，美国AIA系列丛书《老年公寓和养老院设计指南》，美国建筑师学会编，中国建筑工业出版社。

注5：2009年1月12日，北京市民政局等部门联合下发《关于加快养老服务机构发展的意见》，提出了“9064”养老服务新模式。

注6：该项调查是2006年著者为海南省海口市新埠岛国际康疗养老项目可行性研究所做，得到海南优联投资发展有限公司的支持。

注7：详见《建筑策划导论》，庄惟敏著，中国水利水电出版社，P8。

注8：详见《建筑策划》，[美]伊迪丝谢里著，黄慧文译，中国建筑工业出版社。

注9：经海南优联投资发展有限公司允许后使用。

注10：经北京民福桃源置业有限公司允许后使用。

注11：项目资料由日本优建筑设计事务所提供。

注12：照片由日本SS名古屋拍摄，三重县丰寿园提供。

附录：

附录一：《老年人建筑设计规范》

中华人民共和国建设部、中华人民共和国民政部关于发布行业标准《老年人建筑设计规范》的通知

建标[1999]131号

各省、自治区、直辖市建委（建设厅）、民政厅（局），计划单列市建委、民政局，新疆生产建设兵团建委、民政局，国务院有关部门：

根据建设部《关于印发一九九五年城建、建工程建设行业标准制订、修订项目计划（第二批）的通知》（建标[1995]661号）的要求，由哈尔滨建筑大学主编的《老年人建筑设计规范》，经审查，批准为强制性行业标准，编号JGJ122-99，自1999年10月1日起施行。

本标准由建设部建筑设计标准技术归口单位中国建筑技术研究院负责管理，哈尔滨建筑大学负责具体解释，建设部标准定额研究所组织中国建筑工业出版社出版。

《老年人建筑设计规范》

1 总则

1.0.1 为适应我国社会人口结构老龄化，使建筑设计符合老年人体能心态特征对建筑物的安全、卫生、适用等基本要求，制定本规范。

1.0.2 本规范适用于城镇新建、扩建和改建的专供老年人使用的居住建筑及公共建筑设计。

1.0.3 专供老年人使用的居住建筑和公共建筑，应为老年人使用提供方便设施和服务。具备方便残疾人使用的无障碍设施，可兼为老年人使用。

1.0.4 老年人建筑设计除应符合本规范外，尚应符合国家现行有关强制性标准的规定。

2 术语

2.0.1 老龄阶段 The Aged Phase 60周岁及以上人口年龄段。

2.0.2 自理老人Self－helping Aged People 生活行为完全自理，不依赖他人帮助的老年人。

2.0.3 介助老人 Device－helping Aged People 生活行为依赖扶手、拐杖、轮椅和升降设施等帮助的老年人。

2.0.4 介护老人 Under Nursing Aged People 生活行为依赖他人护理的老年人。

2.0.5 老年住宅 House for the Aged 专供老年人居住，符合老年体能心态特征的住宅。

2.0.6 老年公寓 Apartment for the Aged 专供老年人集中居住，符合老年体能心态特征的公寓式老年住宅，具备餐饮、清洁卫生、文化娱乐、医疗保健服务体系，是综合管理的住宅类型。

2.0.7 老人院（养老院） Home for the Aged 专为接待老年人安度晚年而设置的社会养老服务机构，设有起居生活、文化娱乐、医疗保健等多项服务设施。

2.0.8 托老所 Nursery for the Aged 为短期接待老年人托管服务的社区养老服务场所，设有起居生活、文化娱乐、医疗保健等多项服务设施，可分日托和全托两种。

2.0.9 走道净宽 Net Width of Corridor 通行走道两侧墙面凸出物内缘之间的水平宽度，当墙面设置扶手时，为双侧扶手内缘之间的水平距离。

2.0.10 楼梯段净宽 Net Width of Stairway 楼梯段墙面凸出物与楼梯扶手内缘之间，或楼梯段双面扶手内缘之间的水平距离。

2.0.11 门口净宽 Net Width of Doorway 门扇开启后，门框内缘与开启门扇内侧边缘之间的水平距离。

3 基地环境设计

3.0.1 老年人建筑基地环境设计，应符合城市规划要求。

3.0.2 老年人居住建筑宜设于居住区，与社区医疗急救、体育健身、文化娱乐、供应服务、管理设施组成健全的生活保障网络系统。

3.0.3 专为老年人服务的公共建筑，如老年文化休闲活动中心、老年大学、老年疗养院、干休所、老年医疗急救康复中心等，宜选择临近居住区，交通进出方便，安静，卫生、无污染的周边环境。

3.0.4 老年人建筑基地应阳光充足，通风良好，视野开阔，与庭院结合绿化、造园，宜组合成若干个户外活动中心，备设坐椅和活动设施。

4 建筑设计

4.1 一般规定

4.1.1 老年人居住建筑应按老龄阶段从自理、介助到介护变化全过程的不同需要进行设计。

4.1.2 老年人公共建筑应按老龄阶段介助老人的体能心态特征进行设计。

4.1.3 老年人公共建筑，其出入口、老年所经由的水平通道和垂直交通设施，以及卫生间和休息室等部位，应为老年人提供方便设施和服务条件。

4.1.4 老年人建筑层数宜为三层及三层以下；四层及四层以上应设电梯。

4.2 出入口

4.2.1 老年人居住建筑出入口，宜采取阳面开门。出入口内外应留有不小于1.50m×1.50m的轮椅回旋面积。

4.2.2 老年人居住建筑出入口造型设计，应标志鲜明，易于辨认。

4.2.3 老年人建筑出入口门前平台与室外地面高差不宜大于0.40m，并应采用缓坡台阶和坡道过渡。

4.2.4 缓坡台阶踏步踢面高不宜大于120mm，踏面宽不宜小于380mmm，坡道坡度不宜大于1／12。台阶与坡道两侧应设栏杆扶手。

4.2.5 当室内外高差较大设坡道有困难时，出入口前可设升降平台。

4.2.6 出入口顶部应设而篷；出入口平台、台阶踏步和坡道应选用坚固、耐磨、防滑的材料。

4.3 过厅和走道

4.3.1 老年人居住建筑过厅应具备轮椅、担架回旋条件，并应符合下列要求：

1 户室内门厅部位应具备设置更衣、换鞋用橱柜和格凳的空间。

2 户室内面对走道的门与门、门与邻墙之间的距离，不应小于0.50m，应保证轮椅回旋和门扇开启空间。

3 户室内通过式走道净宽不应小于1.20m。

4.3.2 老年人公共建筑，通过式走过净宽不宜小于1.80m。

4.3.3 老年人出入经由的过厅、走道、房间不得设门槛，地面不宜有高差。

4.3.4 通过式走道两侧墙面0.90m和0.65m高处宜设40～50mm的圆杆横向扶手，扶手离墙表面间距40mm；走道两侧墙面下部应设0.35m高的护墙板。

4.4 楼梯、坡道和电梯

4.4.1 老年人居住建筑和老年人公共建筑，应设符合老年体能心态特征的缓坡楼梯。

4.4.2 老年人使用的楼梯间，其楼梯段净宽不得小于1.20m，不得采用扇形踏步，不得在平台区内设踏步。

4.4.3 缓坡楼梯踏步踏面宽度，居住建筑不应小于300mm，公共建筑不应小于320mm；踏面高度，居住建筑不应大于150mm，公共建筑不应大于130mm。踏面前缘宜设高度不大于3mm的异色防滑警示条，踏面前缘前凸不宜大于10mm。

4.4.4 不设电梯的三层及三层以下老年人建筑宜兼设坡道，坡道净宽不宜小于1.50m，坡道长度不宜大于12.00mm，坡度不宜大于1／12。坡道设计应符合现行行业标准（方便残疾人使用的城市道路和建筑物设计规范）JGJ50的有关规定。并应符合下列要求：

1 坡道转弯时应设休息平台，休息平台净深度不得小于1.50m。

2 在坡道的起点及终点，应留有深度不小于1.50m的轮椅缓冲地带。

3 坡道侧面凌空时，在栏杆下端宜设高度不小于50mm的安全档台。

4.4.5 楼梯与坡道两侧离地高0.90m和0.65m处应设连续的栏杆与扶手，沿墙一侧扶手应水平延伸。扶手设计应符合本规范第4.3.4条的规定。扶手宜选用优质木料或手感较好的其他材料制作。

4.4.6 设电梯的老年人建筑，电梯厅及轿厢尺度必须保证轮椅和急救担架进出方便，轿厢沿周边离地0.90m和0.65m高处设介助安全扶手。电梯速度直选用慢速度，梯门宜采用慢关闭，并内装电视监控系统。

4.5 居室

4.5.1 老年人居住建筑的起居室、卧室，老年人公共建筑中的疗养室、病房，应有良好朝向、天然采光和自然通风，室外宜有开阔视野和优美环境。

4.5.2 老年住宅、老年公寓、家庭型老人院的起居室使用面积不宜小于14m^2，卧室使用面积不宜小于10m^2。矩形居室的短边净尺寸不宜小于3.00mm。老年人基础设施参数应符合附录A的规定。

4.5.3 老人院、老人疗养室、老人病房等合居型居室，每室不宜超过三人，每人使用面积不应小于6m^2。矩形居室短边净尺寸不宜小于3.30m。

4.6 厨房

4.6.1 老年住宅应设独用厨房；老年公寓除设公共餐厅外，还应设各户独用厨房；老人院除设公共餐厅外，宜设少量公用厨房。

4.6.2 供老年人自行操作和轮椅进出的独用厨房，使用面积不宜小于6.00m²，其最小短边净尺寸不应小于2.10m。

4.6.3 老人院公用小厨房应分层或分组设置，每间使用面积宜为6.00m²～8.00m²。

4.6.4 厨房操作台面高不宜小于0.75～0.80m，台面宽度不应小于0.50m，台下净空高度不应小于0.60m，台下净空前后进深不应小于0.25m。

4.6.5 厨房宜设吊柜，柜底离地高度宜为1.40～1.50m；轮椅操作厨房，柜底离地高度宜为1.20m。吊柜深度比案台应退进0.5m。

4.7 卫生间

4.7.1 老年住宅、老年公寓、老人院应设紧邻卧室的独用卫生间，配置三件卫生洁具，其面积不宜小于5.00m²。

4.7.2 老人院、托老所应分别设公用卫生间、公用浴室和公用洗衣间。托老所备有全托时，全托者卧室宜设紧邻的卫生间。

4.7.3 老人疗养室、老人病房，宜设独用卫生间。

4.7.4 老年人公共建筑的卫生间，宜临近休息厅，并应设便于轮椅回旋的前室，男女各设一具轮椅进出的厕位小间，男卫生间应设一具立式小便器。

4.7.5 独用卫生间应设坐便器、洗面盆和浴盆淋浴器。坐便器高度不应大于0.40m，浴盆及淋浴坐椅高度不应大于0.40m。浴盆一端应设不小于0.30m宽度坐台。

4.7.6 公用卫生间厕位间平面尺寸不宜小于1.20m×2.00m，内设0.40m高的坐便器。

4.7.7 卫生间内与生便器相邻墙面应设水平高0.70m的“L”形安全扶手或“11”形落地式安全扶手。贴墙浴盆的墙面应设水平高度0.60m的“L”形安全扶手，水盆一侧贴墙设安全扶手。

4.7.8 卫生间宜选用白色卫生洁具，平底防滑式浅浴盆。冷、热水混合武龙头宜选用杠杆式或掀压式开关。

4.7.9 卫生间、厕位间宜设平开门，门扇向外开启，留有观察窗口，安装双向开启的插销。

4.8 阳台

4.8.1 老年人居住建筑的起居室或卧室应设阳台，阳台净深度不宜小于1.50m。

4.8.2 老人疗养室、老人病房宜设净深度不小于1.50m的阳台。

4.8.3 阳台栏杆扶手高度不应小于1.10m，寒冷和严寒地区宜设封闭式阳台。顶层阳台应设雨篷。阳台板底或侧壁，应设可升降的晾晒衣物设施。

4.8.4 供老人活动的屋顶平台或屋顶花园，其屋顶女儿墙护栏高度不应小于1.10m；出平台的屋顶凸出物，其高度不应小于0.60m。

4.9 门窗

4.9.1 老年人建筑公用外门净宽不得小于1.10m。

4.9.2 老年人住宅户门和内门（含厨房门、卫生间门、阳台）通行净宽不得小于0.80m。

4.9.3 起居室、卧室、疗养室、病房等门扇应采用可观察的门。

4.9.4 窗扇宜镶用无色透明玻璃。开启窗口应设防蚊蝇纱窗。

4.10 室内装修

4.10.1 老年人建筑内部墙体阳角部位，宜做成圆角或切角，且在1.80m高度以下做与墙体粉刷齐平的护角。

4.10.2 老年人居室不应采用易燃、易碎、化纤及散发有害有毒气味的装修材料。

4.10.3 老年人出人和通行的厅室、走道地面，应选用平整、防滑材料，并应符合下列要求：

1 老年人通行的楼梯踏步面应平整防滑无障碍，界限鲜明，不宜采用黑色、深色面料。

2 老年人居室地面宜用硬质木料或富弹性的塑胶材料，寒冷地区不宜采用陶瓷材料。

4.10.4 老年人居室不宜设吊柜，应设贴壁式贮藏壁橱。每人应有1.00m^3以上的贮藏空间。

5 建筑设备与室内设施

5.0.1 严寒和寒冷地区老年人居住建筑应供应热水和采暖设备。

5.0.2 炎热地区老年人居住建筑宜设空调降温设备。

5.0.3 老年人居住建筑居室之间应有良好隔声处理和噪声控制。允许噪声级不应大于45dB，空气隔声不应小于50dB，撞击声不应大于75dB。

5.0.4 建筑物出入口雨篷板底或门口侧墙应设灯光照明。阳台应设灯光照明。

5.0.5 老年人居室夜间通向卫生间的走道、上下楼梯平台与踏步联结部位，在其临墙离地高0.4m处宜设灯光照明。

5.0.6 起居室、卧室应设多用安全电源插座，每室宜设两组，插孔离地高度宜为0.60～0.80m；厨房、卫生间宜各设三组，插孔离地高度宜为0.80～1.00m。

5.0.7 起居室、卧室应设闭路电视插孔。

5.0.8 老年人专用厨房应设燃气泄漏报警装置；老年公寓、老人院等老年人专用厨房的燃气设备宜设总调控阀门。

5.0.9 电源开关应选用宽板防漏电式按键开关，高度离地值为1.00～1.00m。

5.0.10 老年人居住建筑每户应设电话，居室及卫生间厕位旁应设紧急呼救按钮。

5.0.11 老人院床头应设呼叫对讲系统、床头照明灯和安全电源插座。

附录二：老年人居住建筑设计标准

中华人民共和国国家标准

老年人居住建筑设计标准

Code for design of residential building for the aged

GB／T 50340—2003

主编部门：中华人民共和国建设部

批准部门：中华人民共和国建设部

施行日期：2003年9月1日

建设部关于发布国家标准

《老年人居住建筑设计标准》的公告

现批准《老年人居住建筑设计标准》为国家标准，编号为GB／T 50340—2003，自2003年9月1日起实施。

本标准由建设部标准定额研究所组织中国建筑工业出版社出版发行。

中华人民共和国建设部

2003年5月28日

前言

根据建设部建标标[2000]50号文要求，本标准编制组在广泛调查研究，认真总结实践经验的基础上，参照有关国际标准和国外先进标准，并经充分征求意见，制定了本标准。

本标准的主要技术内容是：1.总则；2.术语；3.基地与规划设计；4.室内设计；5.建筑设备；6.室内环境。主要规定了老年人居住建筑设计时需要遵照执行的各项技术经济指标，着重提出老年人居住建筑设计中需要特别注意的室内设计技术措施，包括：用房配置和面积标准；建筑物的出入口、走廊、公用楼梯、电梯、户门、门厅、户内过道、卫生间、厨房、起居室、卧室、阳台等各种空间的设计要求。

本标准由中国建筑设计研究院负责具体解释，执行中如发现需要修改和补充之处，请将意见和有关资料寄送中国建筑设计研究院居住建筑与设备研究所(北京市车公庄大街19号，邮政编码100044)。

1 总则

1.0.1 为适应我国人口年龄结构老龄化趋势，使今后建造的老年人居住建筑在符合适用、安全、卫生、经济、环保等要求的同时，满足老年人生理和心理两方面的特殊居住需求，制定本标准。

1.0.2 老年人居住建筑的设计应适应我国养老模式要求，在保证老年人使用方便的原则下，体现对老年人健康状况和自理能力的适应性，并具有逐步提高老年人居住质量及护理水平的前瞻性。

1.0.3 本标准适用于专为老年人设计的居住建筑，包括老年人住宅、老年人公寓及养老院、护理院、托老所等相关建筑设施的设计。新建普通住宅时，可参照本标准做潜伏设计，以利于改造。

1.0.4 老年人居住建筑设计除执行本标准外，尚应符合国家现行有关标准、规范的要求。

2 术语

2.0.1 老年人 the aged people

按照我国通用标准，将年满60周岁及以上的人称为老年人。

2.0.2 老年人居住建筑residential building for the aged

专为老年人设计，供其起居生活使用，符合老年人生理、心理要求的居住建筑，包括老年人住宅、老年人公寓、养老院、护理院、托老所。

2.0.3 老年人住宅 house for the aged

供以老年人为核心的家庭居住使用的专用住宅。老年人住宅以套为单位，普通住宅楼栋中可配套设置若干套老年人住宅。

2.0.4 老年人公寓 apartment for the aged

为老年人提供独立或半独立家居形式的居住建筑。一般以栋为单位，具有相对完整的配套服务设施。

2.0.5 养老院 rest home

为老年人提供集体居住，并具有相对完整的配套服务设施。

2.0.6 护理院 nursing home

为无自理能力的老年人提供居住、医疗、保健、康复和护理的配套服务设施。

2.0.7 托老所 nursery for the aged

为老年人提供寄托性养老服务的设施，有日托和全托等形式。

3 基地与规划设计

3.1 规模

3.1.1 老年人住宅和老年人公寓的规模可按表3.1.1划分。

表3.1.1 老年人住宅和老年人公寓的规模划分标准

规模	人数	人均用地指标
小型	50人以下	80～100m^2
中型	51～150人	90～100m^2
大型	151～200人	95～105m^2
特大型	201人以上	100～110m^2

3.1.2 新建老年人住宅和老年人公寓的规模应以中型为主，特大型老年人住宅和老年人公寓宜与普通住宅、其他老年人设施及社区医疗中心、社区服务中心配套建设，实行综合开发。

3.1.3 老年人居住建筑的面积标准不应低于表3.1.3的规定。

表3.1.3 老年人居住建筑的最低面积标准

类型	建筑面积(m^2／人)
老年人住宅	30
托老所	20
老年人公寓	40
护理院	25
养老院	25

注：本栏目的面积指居住部分建筑面积，不包括公共配套服务设施的建筑面积。

3.2 选址与规划

3.2.1 中小型老年人居住建筑基地选址宜与居住区配套设置，位于交通方便、基础设施完善、临近医疗设施的地段。大型、特大型老年人居住建筑可独立建设并配套相应设施。

3.2.2 基地应选在地质稳定、场地干燥、排水通畅、日照充足、远离噪声和污染源的地段，基地内不宜有过大、过于复杂的高差。

3.2.3 基地内建筑密度，市区不宜大于30%，郊区不宜大于20%。

3.2.4 大型、特大型老年人居住建筑基地用地规模应具有远期发展余地，基地容积率宜控制在0.5以下。

3.2.5 大型、特大型老年人居住建筑规划结构应完整，功能分区明确，安全疏散出口不应少于2个。出入口、道路和各类室外场地的布置，应符合老年人活动特点。有条件时，宜临近儿童或青少年活动场所。

3.2.6 老年人居住用房应布置在采光通风好的地段，应保证主要居室有良好的朝向，冬至日满窗日照不宜小于2小时。

3.3 道路交通

3.3.1 道路系统应简洁通畅，具有明确的方向感和可识别性，避免人车混行。道路应设明显的交通标志及夜间照明设施，在台阶处宜设置双向照明并设扶手。

3.3.2 道路设计应保证救护车能就近停靠在住栋的出入口。

3.3.3 老年人使用的步行道路应做成无障碍通道系统，道路的有效宽度不应小于0.90m；坡度不宜大于2.5%；当大于2.5%时，变坡点应予以提示，并宜在坡度较大处设扶手。

3.3.4 步行道路路面应选用平整、防滑、色彩鲜明的铺装材料。

3.4 场地设施

3.4.1 应为老年人提供适当规模的绿地及休闲场地，并宜留有供老人种植劳作的场地。场地布局宜动静分区，供老年人散步和休憩的场地宜设置健身器材、花架、坐椅、阅报栏等设施，并避免烈日暴晒和寒风侵袭。

3.4.2 距活动场地半径100m内应有便于老年人使用的公共厕所。

3.4.3 供老年人观赏的水面不宜太深，深度超过0.60m时应设防护措施。

3.5 停车场

3.5.1 专供老年人使用的停车位应相对固定，并应靠近建筑物和活动场所入口处。

3.5.2 与老年人活动相关的各建筑物附近应设供轮椅使用者专用的停车位，其宽度不应小于3.50m，并应与人行通道衔接。

3.5.3 轮椅使用者使用的停车位应设置在靠停车场出入口最近的位置上，并应设置国际通用标志。

3.6 室外台阶、踏步和坡道

3.6.1 步行道路有高差处、入口与室外地面有高差处应设坡道。室外坡道的坡度不应大于1／12，每上升0.75m或长度超过9 m时应设平台，平台的深度不应小于1.50m并应设连续扶手。

3.6.2 台阶的踏步宽度不宜小于0.30m，踏步高度不宜大于0.15m。台阶的有效宽度不应小于0.90m，并宜在两侧设置连续的扶手；台阶宽度在3m以上时，应在中间加设扶手。在台阶转换处应设明显标志。

3.6.3 独立设置的坡道的有效宽度不应小于1.50m；坡道和台阶并用时，坡道的有效宽度不应小于0.90m。坡道的起止点应有不小于1.50m × 1.50m的轮椅回转面积。

3.6.4 坡道两侧至建筑物主要出入口宜安装连续的扶手。坡道两侧应设护栏或护墙。

3.6.5 扶手高度应为0.90m，设置双层扶手时下层扶手高度宜为0.65m。坡道起止点的扶手端部宜水平延伸0.30m以上。

3.6.6 台阶、踏步和坡道应采用防滑、平整的铺装材料，不应出现积水。

3.6.7 坡道设置排水沟时，水沟盖不应妨碍通行轮椅和使用拐杖。

4 室内设计

4.1 用房配置和面积标准

4.1.1 老年人居住套型或居室宜设在建筑物出入口层或电梯停靠层。

4.1.2 老年人居室和主要活动房间应具有良好的自然采光、通风和景观。

4.1.3 老年人套型设计标准不应低于表4.1.3.1和表4.1.3.2的规定。

表4.1.3.1 老年人住宅和老年人公寓的最低使用面积标准

组合形式	老年人住宅	老年人公寓
一室套(起居、卧室合用)	25m^2	22m^2
一室一厅套	35m^2	33m^2
二室一厅套	45m^2	43m^2

表4.1.3.2 老年人住宅和老年人公寓各功能空间最低使用面积标准

房间名称	老年人住宅	老年人公寓
起居室	12m^2	
卧室	12m^2(双人)10m^2(单人)	
厨房	4.5m^2	
卫生间	4m^2	
储藏	1m^2	

4.1.4 养老院居室设计标准不应低于表4.1.4.1的规定

表4.1.4.1 养老院居室设计标准

类型	最低使用面积标准		
	居室	卫生间	储藏
单人间	10m^2 / 人	4m^2 / 人	0.5m^2 / 人
双人间	16m^2 / 人	5m^2 / 人	0.6m^2 / 人
三人以上房间	6m^2 / 人	5m^2 / 人	0.3m^2 / 人

4.1.5 老年人居住建筑配套服务设施的配置标准不应低于表4.1.5.1 的规定。

表4.1.5.1 老年人居住建筑配套服务设施用房配置标准

用房		项目	配置标准
餐厅		餐位数	总床位的60%～70%
		每座使用面积	$2m^2$／人
医疗保健用房		医务、药品室	$20\sim30m^2$
		观察、理疗室	总床位的1%～2%
		康复、保健室	$40\sim60m^2$
服务用房	公用	公用厨房	$6\sim8m^2$
		公用卫生间(厕位)	总床位的1%
		公用洗衣房	$15\sim20m^2$
		公用浴室(浴位) (有条件时设置)	总床位的10%
	公共	售货、饮食、理发	100床以上设
		银行、邮电代理	200床以上设
		客房	总床位的4%～5%
		开水房、储藏间	$10m^2$／层
休闲用房		多功能厅	可与餐厅合并使用
		健身、娱乐、阅览、教室	$1m^2$／人

4.2 建筑物的出入口

4.2.1 出入口有效宽度不应小于1.10m。门扇开启端的墙垛净尺寸不应小于0.50m。

4.2.2 出入口内外应有不小于1.50m×1.50m的轮椅回转面积。

4.2.3 建筑物出入口应设置雨篷，雨篷的挑出长度宜超过台阶首级踏步0.50m以上。

4.2.4 出入口的门宜采用自动门或推拉门；设置平开门时，应设闭门器。不应采用旋转门。

4.2.5 出入口宜设交往休息空间，并设置通往各功能空间及设施的标识指示牌。

4.2.6 安全监控设备终端和呼叫按钮宜设在大门附近，呼叫按钮距地面高度为1.10m。

4.3 走廊

4.3.1 公用走廊的有效宽度不应小于1.50m。仅供一辆轮椅通过的走廊有效宽度不应小于1.20m，并应在走廊两端设有不小于1.50m×1.50m的轮椅回转面积。

4.3.2 公用走廊应安装扶手。扶手单层设置时高度为0.80～0.85m，双层设置时高度分别为0.65m和0.90m。扶手宜保持连贯。

4.3.3 墙面不应有突出物。灭火器和标识板等应设置在不妨碍使用轮椅或拐杖通行的位置上。

4.3.4 门扇向走廊开启时宜设置宽度大于1.30m、深度大于0.90m的凹廊，门扇开启端的墙垛净尺寸不应小于0.40m。

4.3.5 走廊转弯处的墙面阳角宜做成圆弧或切角。

4.3.6 公用走廊地面有高差时，应设置坡道并应设明显标志。

4.3.7 老年人居住建筑各层走廊宜增设交往空间，宜以4～8户老年人为单元设置。

4.4 公用楼梯

4.4.1 公用楼梯的有效宽度不应小于1.20m。楼梯休息平台的深度应大于梯段的有效宽度。

4.4.2 楼梯应在内侧设置扶手。宽度在1.50m以上时应在两侧设置扶手。

4.4.3 扶手安装高度为0.80～0.85m，应连续设置。扶手应与走廊的扶手相连接。

4.4.4 扶手端部宜水平延伸0.30m以上。

4.4.5 不应采用螺旋楼梯，不宜采用直跑楼梯。每段楼梯高度不宜高于1.50m。

4.4.6 楼梯踏步宽度不应小于0.30m，踏步高度不应大于0.15m，不宜小于0.13m。同一个楼梯梯段踏步的宽度和高度应一致。

4.4.7 踏步应采用防滑材料。当设防滑条时，不宜突出踏面。

4.4.8 应采用不同颜色或材料区别楼梯的踏步和走廊地面，踏步起终点应有局部照明。

4.5 电梯

4.5.1 老年人居住建筑宜设置电梯。三层及三层以上设老年人居住及活动空间的建筑应设置电梯，并应每层设站。

4.5.2 电梯配置中，应符合下列条件：

1 轿厢尺寸应可容纳担架。

2 厅门和轿门宽度应不小于0.80m；对额定载重量大的电梯，宜选宽度0.90m的厅门和轿门。

3 候梯厅的深度不应小于1.60m，呼梯按钮高度为0.90～1.10m。

4 操作按钮和报警装置应安装在轿厢侧壁易于识别和触及处，宜横向布置，距地高度0.90～1.20m，距前壁、后壁不得小于0.40m。有条件时，可在轿厢两侧壁上都安装。

4.5.3 电梯额定速度宜选0.63～1.0m／s；轿门开关时间应较长；应设置关门保护装置。

4.5.4 轿厢内两侧壁应安装扶手，距地高度0.80～0.85m；后壁上设镜子；轿门宜设窥视窗；地面材料应防滑。

4.5.5 各种按钮和位置指示器数字应明显，宜配置轿厢报站钟。

4.5.6 呼梯按钮的颜色应与周围墙壁颜色有明显区别；不应设防水地坎；基站候梯厅应设坐椅，其他层站有条件时也可设置坐椅。

4.5.7 轿厢内宜配置对讲机或电话，有条件时可设置电视监控系统。

4.6 户门、门厅

4.6.1 户门的有效宽度不应小于1m。

4.6.2 户门内应设更衣、换鞋空间，并宜设置坐凳、扶手。

4.6.3 户门内外不宜有高差。有门槛时，其高度不应大于20mm，并设坡面调节。

4.6.4 户门宜采用推拉门形式且门轨不应影响出入。采用平开门时，门上宜设置探视窗，并采用杆式把手，安装高度距地面0.80～0.85m。

4.6.5 供轮椅使用者出入的门，距地面0.15～0.35m处宜安装防撞板。

4.7 户内过道

4.7.1 过道的有效宽度不应小于1.20m。

4.7.2 过道的主要地方应设置连续式扶手；暂不安装的，可设预埋件。

4.7.3 单层扶手的安装高度为0.80～0.85m，双层扶手的安装高度分别为0.65m和0.90m。

4.7.4 过道地面及其与各居室地面之间应无高差。过道地面应高于卫生间地面，标高变化不应大于20mm，门口应做小坡以不影响轮椅通行。

4.8 卫生间

4.8.1 卫生间与老年人卧室宜近邻布置。

4.8.2 卫生间地面应平整，以方便轮椅使用者，地面应选用防滑材料。

4.8.3 卫生间人口的有效宽度不应小于0.80m。

4.8.4 宜采用推拉门或外开门，并设透光窗及从外部可开启的装置。

4.8.5 浴盆、便器旁应安装扶手。

4.8.6 卫生洁具的选用和安装位置应便于老年人使用。便器安装高度不应低于0.40m；浴盆外缘距地高度宜小于0.45m。浴盆一端宜设坐台。

4.8.7 宜设置适合坐姿的洗面台，并在侧面安装横向扶手。

4.9 公用浴室和卫生间

4.9.1 公用卫生间和公用浴室入口的有效宽度不应小于0.90m，地面应平整并选用防滑材料。

4.9.2 公用卫生间中应至少有一个为轮椅使用者设置的厕位。公用浴室应设轮椅使用者专用的淋浴间或盆浴间。

4.9.3 坐便器安装高度不应低于0.40m，坐便器两侧应安装扶手。

4.9.4 厕位内宜设高1.20m的挂衣物钩。

4.9.5 宜设置适合轮椅坐姿的洗面器，洗面器高度0.80m，侧面宜安装扶手。

4.9.6 淋浴间内应设高0.45m的洗浴坐椅，周边应设扶手。

4.9.7 浴盆端部宜设洗浴坐台。浴盆旁应设扶手。

4.10 厨房

4.10.1 老年人使用的厨房面积不应小于$4.5m^2$。供轮椅使用者使用的厨房，面积不应小于$6m^2$，轮椅回转面积宜不小于1.50m×1.50m。

4.10.2 供轮椅使用者使用的台面高度不宜高于0.75m，台下净高不宜小于0.70m、深度不宜小于0.25m。

4.10.3 应选用安全型灶具。使用燃气灶时，应安装熄火自动关闭燃气的装置。

4.11 起居室

4.11.1 起居室短边净尺寸不宜小于3m。

4.11.2 起居室与厨房、餐厅连接时，不应有高差。

4.11.3 起居室应有直接采光、自然通风。

4.12 卧室

4.12.1 老年人卧室短边净尺寸不宜小于2.50m，轮椅使用者的卧室短边净尺寸不宜小于3.20m。

4.12.2 主卧室宜留有护理空间。

4.12.3 卧室宜采用推拉门。采用平开门时，应采用杆式门把手。宜选用内外均可开启的锁具。

4.13 阳台

4.13.1 老年人住宅和老年人公寓应设阳台，养老院、护理院、托老所的居室宜设阳台。

4.13.2 阳台栏杆的高度不应低于1.10m。

4.13.3 老年人设施的阳台宜作为紧急避难通道。

4.13.4 宜设便于老年人使用的晾衣装置和花台。

5 建筑设备

5.1 给水排水

5.1.1 老年人居住建筑应设给水排水系统，给水排水系统设备选型应符合老年人使用要求。宜采用集中热水供应系统，集中热水供应系统出水温度宜为40～50℃。

5.1.2 老年人住宅、老年人公寓应分套设置冷水表和热水表。

5.1.3 应选用节水型低噪声的卫生洁具和给排水配件、管材。

5.1.4 公用卫生间中，宜采用触摸式或感应式等形式的水嘴和便器冲洗装置。

5.2 采暖、空调

5.2.1 严寒地区和寒冷地区的老年人居住建筑应设集中采暖系统。夏热冬冷地区有条件时宜设集中采暖系统。

5.2.2 各种用房室内采暖计算温度不应低于表5.2.2的规定。

表5.2.2 各种用房室内采暖计算温度

用房	卧室起居室	卫生间	浴室	厨房	活动室	餐厅	医务用房	行政用房	门厅走廊	楼梯间
计算温度	20℃	20℃	25℃	16℃	20℃	20℃	20℃	18℃	18℃	16℃

5.2.3 散热器宜暗装。有条件时宜采用地板辐射采暖。

5.2.4 最热月平均室外气温高于和等于25℃地区的老年人居住建筑宜设空调降温设备，冷风不宜直接吹向人体。

5.3 电气

5.3.1 老年人住宅和老年人公寓电气系统应采用埋管暗敷，应每套设电度表和配电箱并设置短路保护和漏电保护装置。

5.3.2 老年人居住建筑中医疗用房和卫生间应做局部等电位联结。

5.3.3 老年人居住建筑中宜采用带指示灯的宽板开关，长过道宜安装多点控制的照明开关，卧室宜采用多点控制照明开关，浴室、厕所可采用延时开关。开关离地高度宜为1.10m。

5.3.4 在卧室至卫生间的过道，宜设置脚灯。卫生间洗面台、厨房操作台、洗涤池宜设局部照明。

5.3.5 公共部位应设人工照明，除电梯厅和应急照明外，均应采用节能自熄开关。

5.3.6 老年人住宅和老年人公寓的卧室、起居室内应设置不少于两组的二极、三极插座；厨房内对应吸油烟机、冰箱和燃气泄漏报警器位置设置插座；卫生间内应设置不少于一组的防溅型三极插座。其他老年人设施中宜每床位设置一个插座。公用卫生间、公用厨房应对应用电器具位置设置插座。

5.3.7 起居室、卧室内的插座位置不应过低，设置高度宜为0.60～0.80m。

5.3.8 老年人住宅和老年人公寓应每套设置不少于一个电话终端出线口。其他老年人设施中宜每间卧室设一个电话终端出线口。

5.3.9 卧室、起居室、活动室应设置有线电视终端插座。

5.4 燃气

5.4.1 使用燃气的老年人住宅和老年人公寓每套的燃气用量，至少按一台双眼灶具计算。每套设燃气表。

5.4.2 厨房、公用厨房中燃气管应明装。

5.5 安全报警

5.5.1 以燃气为燃料的厨房、公用厨房，应设燃气泄漏报警装置。宜采用户外报警式，将蜂鸣器安装在户门外或管理室等易被他人听到的部位。

5.5.2 居室、浴室、厕所应设紧急报警求助按钮，养老院、护理院等床头应设呼叫信号装置，呼叫信号直接送至管理室。有条件时，老年人住宅和老年人公寓中宜设生活节奏异常的感应装置。

6 室内环境

6.1 采光

6.1.1 老年人居住建筑的主要用房应充分利用天然采光。

6.1.2 主要用房的采光窗洞口面积与该房间地面积之比，不宜小于表6.1.2的规定。

表6.1.2 主要用房窗地比

房间名称	窗地比
活动室	1／4
厨房、公用厨房	1／7
卧室、起居室、医务用房	1／6
楼梯间、公用卫生间、公用浴室	1／10

6.1.3 活动室必须光线充足，朝向和通风良好，并宜选择有两个采光方向的位置。

6.2 通风

6.2.1 卧室、起居室、活动室、医务诊室、办公室等一般用房和走廊、楼梯间等应采用自然通风。

6.2.2 卫生间、公用浴室可采用机械通风；厨房和治疗室等应采用自然通风并设机械排风装置。

6.2.3 老年人住宅和老年人公寓的厨房、浴室、卫生间的门下部应设有效开口面积大于0.02m^2的固定百叶或不小于30mm的缝隙。

6.3 隔声

6.3.1 老年人居住建筑居室内的噪声级昼间不应大于50dB，夜间不应大于40dB，撞击声不应大于75dB。

6.3.2 卧室、起居室内的分户墙、楼板的空气声的计权隔声量应大于或等于45dB；楼板的计权标准撞击声压级应小于或等于75dB。

6.3.3 卧室、起居室不应与电梯、热水炉等设备间及公用浴室等紧邻布置。

6.3.4 门窗、卫生洁具、换气装置等的选定与安装部位，应考虑减少噪声对卧室的影响。

6.4 隔热、保温

6.4.1 老年人居住建筑应保证室内基本的热环境质量，采取冬季保温和夏季隔热及节能措施。夏热冬冷地区老年人居住建筑应符合《夏热冬冷地区居住建筑节能设计标准》JGJ134—2001的有关规定。严寒和寒冷地区老年人居住建筑应符合《民用建筑节能设计标准(采暖居住建筑部分)》JGJ26的有关规定。

6.4.2 老年人居住的卧室、起居室宜向阳布置，朝西外窗宜采取有效的遮阳措施。在必要时，屋顶和西向外墙应采取隔热措施。

6.5 室内装修

6.5.1 老年人居住建筑的室内装修宜采用一次到位的设计方式，避免住户二次装修。

6.5.2 室内墙面应采用耐碰撞、易擦拭的装修材料，色调宜用暖色。室内通道墙面阳角宜做成圆角或切角，下部宜作0.35m高的防撞板。

6.5.3 室内地面应选用平整、防滑、耐磨的装修材料。卧室、起居室、活动室宜采用木地板或有弹性的塑胶板；厨房、卫生间及走廊等公用部位宜采用清扫方便的防滑地砖。

6.5.4 老年人居住建筑的门窗宜使用无色透明玻璃，落地玻璃门窗应装配安全玻璃，并在玻璃上设有醒目标示。

6.5.5 老年人使用的卫生洁具宜选用白色。

6.5.6 养老院、护理院等应设老年人专用储藏室，人均面积0.60m^{2}以上。卧室内应设每人分隔使用的壁柜，设置高度在1.50m以下。

6.5.7 各类用房、楼梯间、台阶、坡道等处设置的各类标志和标注应强调功能作用，应醒目、易识别。

本规范用词说明

1 为便于在执行本规范条文时区别对待，对要求严格程度不同的用词，说明如下：

1)表示很严格，非这样做不可的用词：

正面词采用“必须”；

反面词采用“严禁”。

2)表示严格，在正常情况下均应这样做的用词：

正面词采用“应”；

反面词采用“不应”或“不得”。

3)表示允许稍有选择，在条件许可时，首先应这样做的用词：

正面词采用“宜”；

反面词采用“不宜”。

表示有选择，在一定条件下可以这样做的，采用“可”。

2 条文中指定按其他有关标准、规范执行时，写法为“应符合……的规定”或“应按……执行”。

附录三：《城镇老年人设施规划规范》

中华人民共和国国家标准

城镇老年人设施规划规范

Code for planning of city and town facilities for the aged

GB50437—2007

主编部门:中华人民共和国建设部

批准部门:中华人民共和国建设部

施行日期:2008年6月1日

中华人民共和国建设部公告第746号

建设部关于发布国家标准《城镇老年人设施规划规范》的公告

现批准《城镇老年人设施规划规范》为国家标准,编号为GB 50437－2007,自2008年6月1日起实施。其中，第3.2.2、3.2.3、5.3.1条为强制性条文，必须严格执行。

本规范由建设部标准定额研究所组织中国计划出版社出版发行。

中华人民共和国建设部

二OO七年十月二十五日

1总则

1.0.1 为适应我国人口结构老龄化，加强老年人设施的规划,为老年人提供安全、方便、舒适、卫生的生活环境,满足老年人日益增长的物质与精神文化需要，制定本规范。

1.0.2 本规范适用于城镇老年人设施的新建、扩建或改建的规划。

1.0.3 老年人设施的规划，应符合下列要求：

1 符合城镇总体规划及其他相关规划的要求；

2 符合“统一规划、合理布局、因地制宜、综合开发、配套建设”的原则；

3 符合老年人生理和心理的需求，并综合考虑日照、通风、防寒、采光、防灾及管理等要求；

4 符合社会效益、环境效益和经济效益相结合的原则。

1.0.4 老年人设施规划除应执行本规范外，尚应符合国家现行的有关标准的规定。

2 术语

2.0.1 老年人设施Facilities for the Aged 专为老年人服务的居住建筑和公共建筑。

2.0.2 老年公寓Apartment for the Aged 专为老年人集中养老提供独立或半独立家居形式的居住建筑。一般以栋为单位，具有相对完整的配套服务设施。

2.0.3 养老院Home for the Aged 专为接待老年人安度晚年而设置的社会养老服务机构，设有起居生活、文化娱乐、医疗保健等多项服务设施。养老院包括社会福利院的老人部、护老院、护养院。

2.0.4 老人护理院Nursing Home for the Aged 为无自理能力的老年人提供居住、医疗、保健、康复和护理的配套服务设施。

2.0.5 老年学校(大学)School for the Aged 为老年人提供继续学习和交流的专门机构和场所。

2.0.6 老年活动中心Center of Recreation Activities for the Aged 为老年人提供综合性文化娱乐活动的专门机构和场所。

2.0.7 老年服务中心（站）Stationof Service for the Aged 为老年人提供各种综合性服务的社区服务机构和场所。

2.0.8 托老所Nursery for the Aged 为短期接待老年人托管服务的社区养老服务场所，设有起居生活、文化娱乐、医疗保健等多项服务设施，可分日托和全托两种。

3 分级、规模和内容

3.1 分级

3.1.1 老年人设施按服务范围和所在地区性质分为市(地区)级、居住区(镇)级、小区级。

3.1.2 老年人设施分级配建应符合表3.1.2的规定。

表3.1.2 老年人设施分级配建表

项目	市（地区）级	居住区（镇）级	小区级
老年公寓	▲	△	
养老院	▲	▲	
老人护理院	▲		
老年学校（大学）	▲	△	
老年活动中心	▲	▲	▲
老年服务中心（站）		▲	▲
托老所		△	▲

注：1表中▲为应配建;△为宜配建。

2老年人设施配建项目可根据城镇社会发展进行适当调整。

3各级老年人设施配建数量、服务半径应根据各城镇的具体情况确定。

4居住区(镇)级以下的老年活动中心和老年服务中心(站),可合并设置。

3.2 配建指标及设置要求

3.2.1 老年人设施中养老院、老年公寓与老人护理院配置的总床位数量，应按1.5～3.0床位/百老人的指标计算。

3.2.2 老年人设施新建项目的配建规模、要求及指标，应符合表3.2.2-1和表3.2.2-2的规定，并应纳入相关规划。

表3.2.2–1 老年人设施配建规模、要求及指标

项目名称	基本配建内容	配建规模及要求	配建指标	
			建筑面积（m^2/床）	用地面积（m^2/床）
老年公寓	居家式生活起居，餐饮服务、文化娱乐、保健服务用房等	不应小于80床位	≥40	50～70
市（地区）级养老院	生活起居、餐饮服务、文化娱乐、医疗保健、健身用房及室外活动场地等	不应小于150床位	≥35	45～60
居住区（镇）级养老院	生活起居、餐饮服务、文化娱乐、医疗保健用房及室外活动场地等	不应小于30床位	≥30	40～50
老人护理院	生活护理、餐饮服务、医疗保健、康复用房等	不应小于100床位	≥35	45～60

注：表中所列各级老年公寓、养老院、老人护理院的每床位建筑面积及用地面积均为综合指标，已包括服务设施的建筑面积及用地面积。

表3.2.2–2 老年人设施配建规模、要求及指标

项目名称	基本配建内容	配建规模及要求	配建指标	
			建筑面积（m^2/床）	用地面积（m^2/床）
市（地区）级老年学校（大学）	普通教室、多功能教室、专业教室、阅览室及室外活动场地等	(1) 应为5班以上； (2) 市级应具有独立的场地、校舍	≥1500	≥3000
市（地区）级老年活动中心	阅览室、多功能教室、播放厅、舞厅、棋牌类活动室、休息室及室外活动场地等	应有独立的场地、建筑，并应设置适合老人活动的室外活动设施	1000～4000	2000～8000
居住区(镇)级老年活动中心	活动室、教室、阅览室、保健室、室外活动场地等	应设置大于300m^2的室外活动场地	≥300	≥600
居住区（镇）级老年服务中心	活动室、保健室、紧急援助、法律援助、专业服务等	镇老人服务中心应附设不小于50床位的养老设施；增加的建筑面积应按每床建筑面积不小于35m^2、每床用地面积不小于50m^2另行计算	≥200	≥400
小区老年活动中心	活动室、阅览室、保健室、室外活动场地等	应附设不小于150m^2的室外活动场地	≥150	≥300
小区级老年服务站	活动室、保健室、家政服务用房等	服务半径应小于500m	≥150	—
托老所	休息室、活动室、保健室、餐饮服务用房等	(1) 不应小于10床位，每床建筑面积不应小于20m^2; (2) 应与老年服务站合并设置	≥300	—

注：表中所列各级老年公寓、养老院、老人护理院的每床位建筑面积及用地面积均为综合指标，已包括服务设施的建筑面积及用地面积。

3.2.3 城市旧城区老年人设施新建、扩建或改建项目的配建规模、要求应满足老年人设施基本功能的需要。其指标不应低于本规范表3.2.2-1和表3.2.2-2中相应指标的70%，并应符合当地主管部门的有关规定。

4 布局与选址

4.1 布局

4.1.1 老年人设施布局应符合当地老年人口的分布特点，并宜靠近居住人口集中的地区布局。

4.1.2 市(地区)级的老人护理院、养老院用地应独立设置。

4.1.3 居住区内的老年人设施宜靠近其他生活服务设施，统一布局，但应保持一定的独立性，避免干扰。

4.1.4 建制镇老年人设施布局宜与镇区公共中心集中设置，统一安排，并宜靠近医疗设施与公共绿地。

4.2 选址

4.2.1 老年人设施应选择在地形平坦、自然环境较好、阳光充足、通风良好的地段布置。

4.2.2 老年人设施应选择在具有良好基础设施条件的地段布置。

4.2.3 老年人设施应选择在交通便捷、方便可达的地段布置，但应避开对外公路、快速路及交通量大的交叉路口等地段。

4.2.4 老年人设施应远离污染源、噪声源及危险品的生产储运等用地。

5 场地规划

5.1 建筑布置

5.1.1 老年人设施的建筑应根据当地纬度及气候特点选择较好的朝向布置。

5.1.2 老年人设施的日照要求应满足相关标准的规定。

5.1.3 老年人设施场地内建筑密度不应大于30%，容积率不宜大于0.8。建筑宜以低层或多层为主。

5.2 场地与道路

5.2.1 老年人设施场地坡度不应大于3%。

5.2.2 老年人设施场地内应人车分行，并应设置适量的停车位。

5.2.3 场地内步行道路宽度不应小于1.8m，纵坡不宜大于2.5%并应符合国家标准的相关规定。当在步行道中设台阶时，应设轮椅坡道及扶手。

5.3 场地绿化

5.3.1 老年人设施场地范围内的绿地率：新建不应低于40%，扩建和改建不应低于35%。

5.3.2 集中绿地面积应按每位老年人不低于2m^2设置。

5.3.3 活动场地内的植物配置宜四季常青及乔灌木、草地相结合,不应种植带刺、有毒及根茎易露出地面的植物。

5.4 室外活动场地

5.4.1 老年人设施应为老年人提供适当规模的休闲场地，包括活动场地及游憩空间，可结合居住区中心绿地设置，也可与相关设施合建。布局宜动静分区。

5.4.2 老年人游憩空间应选择在向阳避风处，并宜设置花廊、亭、榭、桌椅等设施。

5.4.3 老年人活动场地应有1/2的活动面积在标准的建筑日照阴影线以外，并应设置一定数量的适合老年人活动的设施。

5.4.4 室外临水面活动场地、踏步及坡道，应设护栏、扶手。

5.4.5“集中活动场地附近应设置便于老年人使用的公共卫生间。

本规范用词说明

1 为便于在执行本规范条文时区别对待,对要求严格程度不同的用词说明如下:

1) 表示很严格，非这样做不可的用词:

正面词采用“必须”，反面词采用“严禁”。

2) 表示严格，在正常情况下均应这样做的用词：

正面词采用“应”，反面词采用“不应”或“不得”。

3) 表示允许稍有选择，在条件许可时首先应这样做的用词：

正面词采用“宜”，反面词采用“不宜”；

表示有选择，在一定条件下可以这样做的用词，采用“可”。

2 本规范中指明应按其他有关标准、规范执行的写法为“应符合……的规定”或“应按……执行”。

附录四

表4-1　北京四季青敬老院义霖园收费标准

一、床位费	单位:元
房间类型	收 费 标 准
单 人 间	3000/人
双人间/床位	1500/人

二、护理服务费					
健康等级		老人身体健康状况	院方服务内容	护理费（元／月）	备 注
流动服务	全自理	身体健康状况良好，有正常活动能力	打扫房间、洗床单、被罩、窗帘、打开水	90	自我参与型，院方提供场所及设施，能参加集体活动，自行整理床铺
介助1	半自理	身体健康状况及活动能力均为一般、能自己到卫生间	含一等服务内容外，帮助老人洗澡1次/周，洗衣服	240	活动能力稍弱，能参加少量集体活动，个别项目由服务员来帮助
介助2	一般不能自理	身体健康状况稍差，可自己到卫生间，不能去餐厅吃饭。	含一、二等服务，送饭到屋，清洗消毒老人物品，起居整理床铺	400	日常生活依赖扶手拐杖的老人室内服务型
介护1	不能自理	身体健康状况较差，活动能力很弱，自己不能到卫生间，不能去餐厅吃饭，自己不能洗脸、洗手、洗脚、穿脱衣服，需帮助大小便清洗。	含一至三等服务，帮助个人清洁卫生，洗手、洗脸、洗脚、穿脱衣服	690	日常生活依赖轮椅，行为依赖他人，局部护理型。尿不湿和纸尿裤均由家属提供
介护2	完全不能自理	身体健康状况很差，活动能力很差或无任何活动能力。	含一至四等服务，帮助老人喂饭、喂水，帮助大小便清洗，每2小时翻身一次	890	日常生活行为依赖他人的老人，生活完全由服务员料理
包房自带护工管理费				90	个案护理（元/月）
特殊需要帮助服药				90	元/月
协助室外活动一日2次				90	元/月

三、其他收费		
1、伙食费每月	360/570	元/月
2、入院生活保障金（押金）	5000	
3、床上用品（被褥、床单、被罩、枕头、枕巾、枕套）	400	
4、设施费（包括：电视机、保鲜柜、电话、暖瓶、呼叫系统、健身器材、浴霸等）	600	
5、冬季取暖费（5个月）	240	元/月/房间
6、过节费（五一、十一、元旦各1天，春节6天）	12	元/天
7、临终服务费（终后消毒、穿衣）	300	

附录五

表4-2 北京四季青敬老院福海园收费标准

<table>
<tr><td colspan="6">一、床位费单位:元</td></tr>
<tr><td colspan="6">普通间600/人、月； 标准间900/人、月</td></tr>
<tr><td colspan="6">二、护理服务费</td></tr>
<tr><td colspan="2">健康等级</td><td>老人身体健康状况</td><td>院方服务内容</td><td>护理费（元／月）</td><td>备 注</td></tr>
<tr><td>流动服务</td><td>全自理</td><td>身体健康状况良好，有正常活动能力</td><td>打扫房间、洗床单、被罩、窗帘、打开水</td><td>90</td><td>自我参与型，院方提供场所及设施，能参加集体活动，自行整理床铺</td></tr>
<tr><td>介助1</td><td>半自理</td><td>身体健康状况及活动能力均为一般，能自己到卫生间</td><td>含一等服务内容外，帮助老人洗澡1次/周，洗衣服</td><td>240</td><td>活动能力稍弱，能参加少量集体活动，个别项目由服务员来帮助</td></tr>
<tr><td>介助2</td><td>一般不能自理</td><td>身体健康状况稍差，可自己到卫生间，不能去餐厅吃饭</td><td>含一、二等服务，送饭到屋，清洗消毒老人物品，起居整理床铺</td><td>400</td><td>日常生活依赖扶手拐杖的老人室内服务型</td></tr>
<tr><td>介护1</td><td>不能自理</td><td>身体健康状况较差，活动能力很弱，自己不能到卫生间，不能去餐厅吃饭，自己不能洗脸、洗手、洗脚、穿脱衣服</td><td>含一至三等服务，帮助个人清洁卫生，洗手、洗脸、洗脚、穿脱衣服</td><td>690</td><td>日常生活依赖轮椅，行为依赖他人，局部护理型。尿不湿和纸尿裤均由家属提供</td></tr>
<tr><td>介护2</td><td>完全不能自理</td><td>身体健康状况很差，活动能力很差或无任何活动能力</td><td>含一至四等服务，帮助老人喂饭、喂水，帮助大小便清洗，每2小时翻身一次</td><td>890</td><td>日常生活行为依赖他人的老人，生活完全由服务员料理</td></tr>
<tr><td colspan="4">包房自带护工管理费</td><td>90</td><td>元/月</td></tr>
<tr><td colspan="4">特殊需要帮助服药</td><td>90</td><td>元/月</td></tr>
<tr><td colspan="6">三、其他收费</td></tr>
<tr><td colspan="4">1、伙食费每月</td><td>360/570</td><td>元/月</td></tr>
<tr><td colspan="4">2、入院生活保障金（押金）</td><td>5000</td><td></td></tr>
<tr><td colspan="4">3、收取一次性入院安置费</td><td>400</td><td></td></tr>
<tr><td colspan="3" rowspan="2">4、冬季取暖费（5个月）</td><td>普通间</td><td>90</td><td>元/人、月</td></tr>
<tr><td>标准间</td><td>120</td><td>元/人、月</td></tr>
<tr><td colspan="4">5、过节费（五一、十一、元旦各1天，春节6天）</td><td>12</td><td>元/天</td></tr>
<tr><td colspan="4">6、临终服务费（终后消毒、穿衣）</td><td>300</td><td></td></tr>
</table>

表4-3 北京汇晨老年公寓收费标准

A.长期(1年或2年)

方式	会员费	月缴纳服务费（所有房间均配有独立厨房/独立卫生间）		
		标准间/2床	小套间/2床	标准套间/4床
		48.6 m^2	65.6 m^2	80.5 m^2
包房方式	5万	4350元/间	5280元/间	6300元/间
	8万	4250元/间	5180元/间	6200元/间
	10万	4180元/间	5080元/间	6130元/间
	15万	4000元/间	4900元/间	5960元/间
单床方式	5万	2200元/间	2680元/间	2000元/间
	8万	2100元/间	2580元/间	1900元/间
	10万	2000元/间	2480元/间	1800元/间

以上服务费包含全部贴心服务内容，会员费期满全额腿还。

B.短期(1～3个月)(标准间48.6 m^2)

入住时间	入住押金	月房间费(元/月) 含免费温泉	月房间费(元/月) 不含免费温泉
1或2个月	5000元	5180元	4980元
3个月	5000元	4980元	4780元

押金入住期满返还，针对短期住户用餐可在营养餐厅享受用餐服务。

附录七

表4–4 北京寿山福海养老服务中心收费标准

项目	费用(元)	备注
1.床位费（/月/床）		
大标准间	1800	
标准间	1600	
小标准间	1300、1500	
2.押金		
本市	50000/床（包房：80000/人）	
外埠	80000/床（包房：120000/人）	
3.一次性安置费	被褥费(按实际发生调整)	
4.伙食费	20/人/天	特殊饮食、零点用餐　按实际价格收费
5. 取暖费	8/天/床	
6. 电话费	按实际消费收费	
7. 服务费	按服务等级和项目收取	
8.医疗护理、康复、药费	按北京市卫生局统一收费价格执行	
9.免费享受项目		
（1）水、电：免费提供冷、热水各6吨/间/月；电100度/间/月		
（2）室内外卫生，通风、空气消毒		
（3）卫生间清洁、消毒		
（4）送开水、送饭		
（5）每月换洗床单、被罩、枕套一次		
（6）健康咨询、指导，健康讲座		
（7）血压、脉搏、体温、体重测量		

参考文献

[1] 陶立群.中国老年人住房与环境状况分析.人口与经济，2004，（2）

[2] 对消费的思考——大阪设计竞赛解题.发布时间：2002年12月19日23:24 来源：傅炯

[3] 超市营销——老年顾客的消费特点及营销策略.中国营销传播网，2004年3月11日，作者：周文

[4] 当代生活报 www.gxnews.com.cn 桂龙新闻网 2003年9月1日 房敏婕

[5] 中国人口老龄化发展趋势预测研究报告 2006年2月23日

[6] 华高莱斯《技术要点》文章

[7] 园田真理子著.世界的高龄者住宅.日本建筑中心出版.1993.10.

[8] 杨宗等编著.国外老人生活剪影.金盾出版社.2003.2.

[9] 「建築計画・設計シリーズ」14 高齢者施設 市ヶ谷出版社

[10] 「建築計画・設計シリーズ」16 病院・医療センター 市ヶ谷出版社

[11] 日本「建築設計資料」3 老人の住環境，建築思潮研究所編

[12] 日本「建築設計資料」34 老人ホーム，建築思潮研究所編

[13] 日本「建築設計資料」55 高齢者・障害者の住宅，建築思潮研究所編

[14] 日本「建築設計資料」66 老人保健施設・ケアハウス，建築思潮研究所編

[15] 日本「建築設計資料」71 特別養護老人ホーム，建築思潮研究所編

[16] 日本「建築設計資料」99 ケアハウス・有料老人ホーム，建築思潮研究所編

[17] 日本「建築設計資料」103 ユニットケア，建築思潮研究所編

[18] 「小規模生活単位型特別養護老人ホームにおけるケア体制を踏まえた空間特性に関する研究」日本建築学会計画系論文集,No.572, PP.41-47, 2003.10

[19] 《高齢者の住まい事業》 学芸出版社

[20] 《高齢者にやさしい3世代住宅》 講談社

[21] 《高齢者介護事業企画マニュアル》

[22] 《居住バリアフリー百科》阪急コミュニケーションズ

[23] 高桥仪平著. 无障碍建筑设计手册. 中国建筑工业出版社

[24] 周燕珉等著. 住宅精细化设计. 中国建筑工业出版社

[25] 周燕珉等著. 中小套型住宅设计. 知识产权出版社

[26] 路红、姜书明著. 和谐人居. 中国建筑工业出版社

[27] 王江萍著. 老年人居住外环境规划与设计. 中国电力出版社

[28] 高宝真、黄南翼著. 老龄社会住宅设计. 中国建筑工业出版社

[29] 庄惟敏著. 建筑策划导论. 中国水利水电出版社

[30] 房西苑,周蓉翌编著. 项目管理实战教程. 企业管理出版社

[31] 中国工程项目管理知识体系. 中国建筑工业出版社

[32] 项目运作与管理实务. 中国建筑工业出版社

[33] 业主建设工程项目管理指南. 机械工业出版社

[34] Programming for Design – form theory to practice / Edith, Cherry, FAIA

[35] Creating Elder – Friendly Communities: Preparations for Aging Society / Dawn Alley, Phoebe Liebig, Jon Pynoos, Tridib Banerjee, In Hee Choi

[36] Strategic Management / Micheal A. Hitt, R. Duane Ireland, Robert E. Hoskisson

[37] Project Management in Practice / Samuel J. Mantel, Jack R. Meredith, Scott M. Shafer, Margaret M. Sutton

[38] Contemporary Management / Gareth R. Jones, Jennifer, M. George, Charles W. L. Hill

后　记

自1992年赴日留学选择研究老年建筑，至今已近20年了。这期间，中国也逐步迈向老龄化社会，并成为世界老年人口大国，老龄问题及老年人居住环境问题日益受到关注和重视。

这本书的主要内容是2006年底完成的，在好友中国建筑工业出版社王跃主任和清华大学建筑学院周燕珉教授的提议和鼓励下，决定修改补充并出版。

本书第四章由北京赛阳国际工程项目管理有限公司副总经理赵晓雷主持调查并撰写，第五章第四节老年用品和设备产品介绍由杨凯琪撰写。书中漫画插图由孙直宽画家及张萍绘制，其余插图由北京赛阳国际工程项目管理有限公司的青年员工王江川、李洋、鞠然、刘磊、李玲绘制。

感谢在本书调查研究过程中给予大力支持和无私帮助的领导、师长和朋友们。他们是：

中国科学院研究生院50年代归国老专家李佩教授

清华大学建筑学院周燕珉教授

海南优联投资发展有限公司许晓春总经理

北京地界信息咨询有限公司宫国魁董事长兼总经理

四川首飞置业发展有限公司王小娟董事长

北京民福桃源置业有限公司李文梅副总经理

中房集团中房资产管理有限公司郭东郡总经理兼总建筑师

中国老龄事业发展基金会副会长台恩普教授

全国老龄工作委员会办公室陶红处长

海南省老龄工作委员会办公室许永健主任

天津市国土资源和房屋管理局副局长路红博士

国家住宅与居住环境工程中心刘燕辉主任

中国科学院研究生院人文学院张文芝教授

北京市建筑设计研究院金卫钧所长

军事医学科学院脑血管病治疗研究中心主任段炼教授

北京资深养老服务中心医师赵良羚院长

北京明天华项目管理咨询有限公司沈建明总经理

以色列特拉维夫大学布赫曼梅塔音乐学院叶紫硕士

台湾逢甲大学建筑系教授郑聪荣博士

日本名古屋大学工学部建筑学科山下哲郎教授

日本立教大学山崎敏教授

日本滨松光子学株式会社昼马辉夫会长

日本滨松光子学株式会社国际部鹤见哲久先生

日本建筑家大山纪行先生

日本青叶建筑设计事务所法人伊藤弘建筑师

日本大林组株式会社设计部伊藤照美建筑师

社会福祉法人洗心福祉会理事长山田俊郎及山田一二美夫妇

日本医疗法人西山病院管理长铃木贵

感谢中国建筑工业出版社沈元勤总编辑、王跃博士、费海玲编辑，在他们的鼓励和帮助下书稿得以顺利完成。

特别感谢中国老龄事业发展基金会理事长原民政部副部长李宝库会长以及清华大学建筑学院教授原中国老年学学会老年人才开发委员会副主任林贤光教授为本书作序。

最后，感谢我八十高龄的父母和所有爱我、关心我、支持我的亲人，你们是我永远的动力和强大的后盾。祝福天下的老年人晚年幸福安康！

著者　赵晓征

2009年重阳节